数字出版专业建设研究成果

产教融合与技术技能人才培养

朱 军 张文忠 著

上海大学出版社
·上海·

图书在版编目(CIP)数据

产教融合与技术技能人才培养 / 朱军，张文忠著.
上海 : 上海大学出版社,2024.11. -- ISBN 978-7
-5671-5125-3
Ⅰ.G316
中国国家版本馆CIP数据核字第2024U3H088号

责任编辑　邹西礼
封面设计　柯国富
技术编辑　金　鑫　钱宇坤

产教融合与技术技能人才培养

朱　军　张文忠　著
上海大学出版社出版发行
(上海市上大路99号　邮政编码200444)
(https://www.shupress.cn　发行热线021-66135112)
出版人　余　洋

＊

南京展望文化发展有限公司排版
江苏凤凰数码印务有限公司印刷　各地新华书店经销
开本890mm×1240mm　1/32　印张7　字数163千
2024年11月第1版　2024年11月第1次印刷
ISBN 978-7-5671-5125-3/G·3645　定价　58.00元

版权所有　侵权必究
如发现本书有印装质量问题请与印刷厂质量科联系
联系电话: 025-57718474

前言 | FOREWORD

在信息技术、人工智能技术日新月异的当下，各行业正以前所未有的速度进行着转型升级与发展，社会对于新技术新技能的应用需求日益迫切。与此同时，如何培养新一代高素质技术技能人才，成为产业界、教育界乃至全社会关注的焦点。产教融合作为一种创新的教育理念和实践模式，在技术技能人才培养方面展现出巨大的潜力和独特的价值，这正是本书所关注和探讨的核心主题。

就现实而言，产教融合的发展仍面临诸多的挑战。例如，行业的快速发展导致技术更新迭代频繁，教学内容往往难以跟上节奏；企业和学校在合作过程中可能存在利益诉求不一致、沟通协调机制不完善等问题；师资队伍的建设也面临着挑战，教师需要不断提升自身的数字素养和实践能力；传统教学方法在技能学习上效能偏低，需要对教学方法做出新的改变，等等。许多挑战尚未有成熟的经验可供借鉴，需要我们在实践中摸索创新，开拓出中国特色的发展路径。

本书通过对当前产教融合中出现的各类典型问题进行专题探讨，旨在深入剖析这些问题产生的根源，并寻求切实可行的解决方案。例如，在校企协同方面，提出了协同层次模型、资源协同优化方法、协同创新机制建设等一系列理论；在产业学院建设方面，提出了合作企业选择的量化决策方法、可持续发展赢利模式、前置仓理念下的人才培养优化路径等。通过对这些模式与方法的探究，进一步丰富了产教融合的相关理论，也为进一步推动我国高职教育发展提供了新的研究思路。

同时，本书还重点关注了数字出版专业的技术技能人才培养。当前，数字出版领域正在经历一系列的变革和挑战。传统的出版模式逐渐被数字化、网络化的新形态所取代，新的技术如大数据、AIGC、虚拟现实等不断融入出版流程，从内容创作、编辑加工到发行传播，每一个环节都对从业者提出了更高的技术技能要求，以适应行业的快速变化。本书从理论到实践案例，多维度地剖析了产教融合在数字出版技术技能人才培养中的应用与发展，希望能够为广大出版教育工作者、数字出版从业者以及关心数字出版人才培养的各界人士提供有益的参考，从而共同推动数字出版行业的繁荣发展，为培养更多优秀的数字出版技术技能人才贡献力量。

本书在研究与出版过程中得到了众多专家学者的悉心指导和无私帮助。他们凭借深厚的学术造诣和丰富的实践经验，为本书的创作提供了宝贵的意见和建议。同时，也离不开主管部门和相关企业的大力协助，他们提供了丰富的案例和数据，使得本书的内容更加充实、更具说服力。另外，作者所在单位——上海出版印刷高等专科学校亦为本书的出版提供了全方位的支持，在此，对所有给予帮助的领导、朋友们表示衷心的感谢！

作　者
2024 年 8 月

目录 CONTENTS

高职院校人才培养中的校企合作协同层次模型设计 …… 1
可持续发展理念下的产业学院盈利模式探究 …… 12
高职产业学院协同创新机制内涵与建设路径探析 …… 22
产业学院校企资源协同优化探究 …… 32
合伙关系视阈下产业学院校企合作治理优化路径探究 …… 44
基于 TOPSIS 法的产业学院合作企业选择决策研究
　　——以出版传媒类产业学院为例 …… 55
敏捷理念下的职业技能教学模式创新探究 …… 69
基于能力层次结构理论的职业教育中高本贯通教学衔接
　　探究 …… 80
积极心理学视阈下职校学生学习内生动力激发探究 …… 90
基于前置仓理念的产业学院人才培养优化探究 …… 100
Talent cultivation mode for integration of industry and
　　education based on "triple helix model" theory …… 110
融媒体编辑核心能力模型构建与培养探析 …… 119
大数据时代的数字出版专业人才培养：重点、策略与
　　路径 …… 127
产教融合背景下数字出版应用型人才社会化培养探究 …… 136

职业教育本科层次数字出版人才培养探索 …………………… 146
基于"三螺旋"理论的数字出版技术技能型人才培养机制创新
　探究 ………………………………………………………… 157
高职院校数字出版专业人才能力层次结构探究 ……………… 167
数字出版人才培养敏捷式教学模式探究 ……………………… 175
基于胜任力模型的数字出版人才培养优化探究 ……………… 186
高职院校数字出版专业人才培养模式探究 …………………… 197
基于业态变化的数字出版技术技能人才培养改革与实践 …… 207

高职院校人才培养中的校企合作协同层次模型设计

一、引言

高职院校校企合作培养人才是通过学校和企业两个社会属性不同的组织相互配合、联合教学，达到提升专业人才培养质量的一种有效模式。其意义在于，学生可以通过目标性的岗位实践，对岗位的要求和未来的发展有客观的认识与了解，进而努力提高自己的专业能力和职业素养，避免了学习时散漫、无目标的状态和对工作兴趣低的问题；高职院校可以与社会需求无缝对接，有针对性地为企业培养实用型高素质人才，解决师资力量不足、学生知识结构和能力结构与社会需求脱节的问题；企业可以参与到高职院校人才培养体系中，使得毕业生在就业时直接符合其岗位对应能力要求，从而能高效招纳企业所需人才，避免或缩短招聘后的二次培训，降低企业的人力资源成本。同时，校企紧密结合还能增强双方的研发与创新能力，实现有效的资源共享，共同提升在行业中的知名度和美誉度，提高高职院校的人才培养能力，增强企业的社会竞争力，推动区域经济稳定、快速发展。

党的十九大报告中明确提出："要完善职业教育和培训体系，深化产教融合、校企合作。"然而从现状来看，目前校企合作模式在实践过程中运行不够顺畅,实际效能发挥有限,制约了校企合作的深层次开展,亦使深化发展校企合作人才培养模式成为职业教育新的时代课题。2019 年 9 月,《高等职业学校专业教学标准(第二批次)》(以下简称《标准》)草案及制订说明由制订专家组向全国行业职业教育教学指导委员会申请审定验收。作为专家组主要成员,笔者基于《标准》制订过程中对校企合作人才培养情况的关注与调研,探究校企合作人才培养效能的提升策略与方法,以期为我国高等职业教育的可持续发展提供参考思路。

二、现状与问题

综合目前高职院校校企合作人才培养状况,主要形式与内容包括如下:(1)订单式培养。企业根据自身人才需求和人力资源配置计划,以"订单"形式与学校签订培养协议,由校企双方共同制订对应的培养方案与教学内容,参加订单培养的学生毕业后将直接输送到企业工作,确保成功就业。(2)现代学徒制。强调教学任务由学校的专业教师和企业的技术骨干共同担当,由于在教学目标上更偏重于技能的传承,因此突出了企业在教学工作的重要地位,且教学工作量也显著提升,学生将会配备企业导师进行学习。(3)工学结合。合作企业成为学校指定实习基地,学校通过把学生安排至企业进行实习,使学生可以直接把课堂上学到的理论知识应用到工作实践中,以提高自身的综合实践能力和理论的"变现"能力。(4)顶岗实习。学生在校期间完成教学规定的课程后,将到专业对口的企业顶岗实习,通过在真实的企业生产环境中参与工作,既锻炼学生的学习应用综合能力,也可以帮助企业解决用人的需求。(5)产学研合作。通过整合学校专业师资及企业优势资源,从科研、教学到实习实训,整体推动产业、学校、企业紧密结合共同发展。(6)共建实训基地。通过实训使学生提升实践能力、巩固理论知识、体验工作角色、培养职业素养,同时企业也可以从实训学生中发现人才和优先选拔人才,达到"合作双赢"的效果。

然而,随着校企合作的广度与深度的不断拓展,联合培养中的问题也逐步显现出来。王福建等(2019)指出,企业还没有真正参与到人才培养方案制订、课程设置、教学内容选择、师资调配、教学方法改革、教学评价等职业教育的全过程中,校企合作中仍旧是学校在唱"独角戏"。同时,学校优秀教师的学术功底和理论修养,也因为没有企业良好的实践研发平台,还不能实现科研创新的转化,进而助力企业升级改造。许磊(2019)认为提高人才培养质量,关键不在何时将学生送入企业实习,也不在学生实习的时间长短,如果是放羊式的顶岗实习,无论何时送入企业、送入企业的时间有多长,都不能提高人才培养质量,甚至会给学生管理带来困难。如果企业看到的只是实习生作为廉价劳动力,学校看到的只是减少教学成本,校企合作的深度开展便无从谈起。王雪岩(2018)经调研发现,企业和企业的师傅本身并不愿意倾囊教授徒弟,即使是接受了顶岗实习的学生,由于学生实习时间较短、企业核心业务不便泄露等原因,为学生所提供的岗位大多是简单的没有技术含量,甚至专业不对口的跑腿等零散工作。学生一般无法接触到企业完整的工作内容,同时由于学生并非企业正式员工,因此企业师傅也无法对徒弟进行有效约束和管理。张昕(2019)提出,许多技艺传承需要日积月累,短时间很难奏效,在高职院校通常的三年制培养期内,在有限的学习时间里开设众多必修课程往往导致教师授课一带而过,学生学习浅尝辄止,无法深入研究学习。

校企合作采取的是职能型组织管理模式,随着组织管理进入现代管理阶段,为了不断获得更高的管理效能,"分工"成为主要的组织管理方法。"分工"使组织内部产生了不同职能单元,职能单元之间通过"协作"实现价值创造。然而由于高职院校与企业在主体性质上完全不同,因此在双方合作过程中必然存在多维度的博弈,随着合作广度与深度的拓展,组织管理呈现"分工"越来越细、"协作"难度越来越大的趋势,体现为合作效能不高,各类校企合作问题不断出现。

在信息技术时代,层出不穷的变革带来了新机遇和新挑战,也导致了不确定性的增加,一切都在打破与重构。对这些重构的理解需要一个更加广泛的视野、更加互动的关联以及更加开放的格局,类似于一个"生态系统"的逻辑,复杂、多元、自组织以及演进与共生,所以当代的管理效能不仅仅来自分工,更来自协同。因此,从协同角度对校企合作人才培养效能提升进行研究具有重要的价值与意义。

三、校企合作人才培养协同层次模型构建与协同内容

(一)理论基础与模型构建

协同理论(Synergetics)也被称为"协同学",由德国著名物理学家哈肯(Hermann Haken)教授创立,研究系统内部各子系统或各要素之间通过相互作用而产生的整体效应,是系统科学的重要分支理论。协同理论认为不论是自然系统或社会系统均存在协同作用,促使系统从混沌状态中形成稳定结构,从无序运行变为有序运行。因此,协同作用对多主体合作而形成的组织结构,以及产生的相互影响具有科学指导意义。

协同的基础建立在以分层次识别事物的方法对管理对象、管理方法进行分层,从而有效地探索协同作用的发展变化及其内在规律,更好地掌握管理协同作用变化的秩序和规则,进一步认知协

同作用下系统的发展变化，提升管理能力与水平。因此，协同层次的划分能根据各层次的预定目标，通过内外部资源的整合，设计对应的计划、组织、指挥、协调和控制等管理职能，从而实现各层次管理优化，激发系统最大效益，提升产出效能。

协同层次的划分可以以技术、组织、经营、管理等不同角度的影响因素作为标准，各层次的协同方式特点不同，协同效果也不同。低层次协同难度低、建立和管理成本低，但集成程度低、协同的效率低、收效低；高层次协同实现的难度高、投资运行和维护的成本高，但集成程度高、协同的效率高、协同的效果明显。清晰划分协同层次，准确设计协同内容，才能达到良好的协同效果。

校企合作联合培养的实质是针对学生教育的高校与企业联合管理，本研究参照管理协同四层次划分法，以业务协同（Business Collaboration）、个人协同（Personal Collaboration）、团组协同（Team Collaboration）及管理协同（Management Collaboration）作为协同层次，进而构建出校企合作联合培养协同层次模型（如下图）。

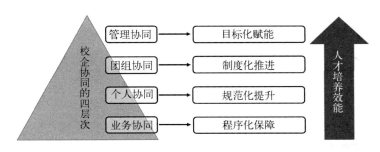

图1　校企合作联合培养协同层次模型

（二）协同各层次的工作设计

1. 业务协同

模型中处于底层的是业务协同。业务协同是基于各高职院校的专业教学标准,依据专业培养要求,做到校内培养管理与企业教学培养业务系统的关联,使内外得以结合。此协同层次的重点在于将各合作企业与学校的培养工作纳入一个统一的业务管理平台,实现基于教学任务分工的关联,避免因为学校与企业各自内部发生变化而对双方既定的教学计划造成干扰,防止校内外教学对接管控可能出现的断裂,从而确保校企联合培养的正常进行;特别是防止企业处于从属配合地位所出现的师资配置不稳定、教学内容错位等衔接不畅状况。

校企联合培养业务管理平台的基本定位是打造学校与企业间一个互联互通、信息充分共享与利用的综合管理数据大平台,为统一调度协调各项培养业务提供全面的信息化支撑和服务。业务管理平台总体架构可归纳为"五层架构+两个体系",五层架构自下而上分别是基础设施层、数据资源层、应用支撑层、业务应用层和展示层,两个体系则是指知识能力保障体系和教学标准规范体系。在平台建设过程中,基础设施层重点建设部署存储、网络与安全等软硬件基础设施环境,实现平台运行、迭代和维护等功能,并通过云技术增强平台高效稳定、安全运行的能力;在数据资源层方面,学校与企业共建教师资源数据库、教学资源数据库、学生数据库,通过数据采集、加工、管理、分析和交换,提供包括报表服务、智能检索、业务分类、效能评估和共享交换等数据管理与应用服务功能;应用支撑层提供包括用户管理、权限管理、任务管理、日志管理等基础服务和电子签章、身份认证、工作流、数据加密、内容管理组件、二维码管理等扩展服务,并提供各服务的信息展示和服务之间的数据调用;业务应用层则主要包括综合办公、人事管理、课程管理、项目管理等业务,使校企双方在课程设置、教学资产管理与使用、教学考核等方面形成统一安排,并可与双方各自的管理系统及财务系统实现对接与数据交换;最后,展示层是面向合作各方的用户,提供基于 PC 桌面及移动端的门户信息展示与服务。此外,校企双方还需共同制订并认可"知识能力要求体系"和"教学标准规范体系",从而从联合培养的业务分配、业务数据、业务流程、业务管理、信息发布等方面确保平台能够按照双方认可的人才培养目标,规范化管理协调校企双方的各类教学培养业务。

2. 个人协同

业务协同层之上则是个人协同。实践证明,采用校企双导师教学是提升专业人才培养质量的有效且普遍采用的方法,其中如何通过双导师的合理配置以实现人才培养的最佳效果是双导师制推行过程中的根本性问题。校内校外的教师需要明确各自的职责,包括学业规划、课程指导和人文关怀,并充分、及时沟通各类信息,从而使校内校外无缝对接,更好地指导学生将理论学习及实践学习相融合。个人协同针对校企双导师之间实现最佳搭配及对接优化进行管理,充分调动在人才培养过程中校内外教师的配合性、积极性和主动性,确保双导师间的教学培养有效对接,保障教学工作的有序开展。

首先,工作重点不同,对校企两类教师的考核侧重点也不相同。对学校教师的考核重点为科研能力以及对学生基础理论知识、思维逻辑能力的教学能力,对企业教师的考核重点则为实践能力,具体包括参加技能大赛、指导学生参加技能大赛、职业技能鉴定、社会培训以及应用技术研究等内容。校企双方通过共同设立教师考核制度,对成员个人任务的完成情况进行评定,考核不合格者将减少经费支持,考核优秀者则增加经费支持。第二,双方共同开展教学理论及专业技能培训,定期选派双方教师参加学术交流与技术培训活动,以学习先进的职教理论与专业技能,了解新技术,全面提升双方教师的专业技术与教学水平。尤其值得注意的是要鼓励企业教师参与理论培训,充分利用学校各类培训与教学机会,提升企业教师的理论能力与教学能力,并由校方给予企业教师对应的能力认定证明。第三,联合开展教研活动及应用技术研究活动。通过组织学校教师与企业教师共同参与校企联合开展的教研活动和专业技术应用项目,可在学校和企业分别设立各类型教室与实验实训室,积极开展教学、实验、科技创新活动,促进双方教师互相学习、共同提升。第四,当学生步入实习岗位时,学校教师要与企业教师进行及时沟通,一方面企业教师可以充分掌握学生在校期间的学习情况以及能力情况,从而针对其自身状况安排适合的岗位工作与实习内容;同时学校教师通过了解企业的实习安排,可为学生进行对应的强化学习,从而解决学生在校学习与企业学习中的衔接脱节问题。

3. 团组协同

协同层次模型中的第三层是团组协同。校企合作是在两个不同性质的单位主体之间开展的合作,在工作方式、管理模式、组织文化等方面都有较大的差异性,达到高度和谐的合作程度具有一定的难度。因此,团组协同需要重点解决如下几个问题:第一,相互信赖与配合。团组成员合作工作的开展离不开和谐融洽的团队氛围,建立校企教师间信任、友善、互助的团队价值观才能有效合作完成预定的工作目标。第二,信息沟通与知识共享。校内外教师应该共同参与分享信息和资源以协调整体的教学培养工作,团组成员需要通过畅通的交流机制及适宜的沟通方式,与其他成员沟通信息和交流经验。第三,总体集权与具体分权。校企合作要在人才培养总体目标上实行集权制管理,而在每个子目标上实行分权化管理;团组管理既要依靠制度与业务流程来实现团队的有效运作,又要充分分权,以发挥每个成员的主动性与创造性。

团队文化建设是团组协同的关键措施,依靠刚性的政策制度体系进行协同虽然具有一定成效,但并不能从根本上激发校企双方团队成员的主体积极性。建设校企合作的团队文化,必须要确立双方合作的主导价值导向——通过"合作、交往、对话",形成"协作、共享、共赢"的文化自觉。教学团队在团队协作中构建共同的愿景,最终形成协作、互助、共享共赢的专业成长共同体。校企合作团队应以共同的愿景,把校内外不同专业、不同技能、不同思想的优秀师资凝聚在一起,形成教学科研共同体;同时,遴选好团队负责人,注重培养领军人才与骨干成员,做好梯队建设,通过骨干成员的引领和辐射,促进教学团队全体成员的进步与发展。此外,在团队考核中要避免重学术轻实践的现象,突出实践工作在整个教学绩效考评体系中的地位,并以目标管理和过程管理相结合,实现考核评价的终极目的是激发团队成员对课堂教学及教学研讨的主动性、积极性。因此,团队文化的建设需要学校、企业、教育管理部门平衡处理团队文化生态关联的内外部因素,为教学团队建设培育集体精神价值、集体性格、集体行为方式,解决人才培养中的深度学习问题。

4. 管理协同

管理协同是协同的最高层次。管理协同主要面向校企合作的双方管理层人员,从合作的理念与目标规划、投入与风险控制、运营管理、绩效考核、收益分配等发展战略与制度层面进行协同,从而在更高层面上为校企合作的顺利开展与实施达成共识。由于管理协同建立在前三层协同基础之上,所以校方与企业方将在既定的目标下,建立专业建设和教学过程质量监控机制,健全专业教学质量监控管理制度,完善教学内容、教学评价、实习实训、人才培养方案更新等质量标准建设,通过教学实施、过程监控、质量评价和持续改进,实现专业人才培养目标,最终实现双方的合作目标。

面临行业市场与岗位需求迅速变化的特点,需要快速调整人才培养方案与教学方法,敏捷管理(Agile Management)成为可借鉴的有效管理模式,能较好地避免校企合作管理中因长远计划不断调整而产生的资源分配与人员磨合问题。"敏捷"强调工作项目在规划初期就切分成多个子项目并设定完成目标,在每个子项目初期完成时即投入使用,并逐步迭代和完善,最终由各子项目的完成而实现整体项目的完成。校企合作管理中,双方要对拟合作项目进行模块化与阶段化划分,保证双方联合投入的资源能够匹配当下子项目目标的实现,并发挥双方师资人员的能动性,创造支持与信任的管理机制,使整个组织都处于敏捷状态。因此,敏捷管理在工作开展速度、成本和及时调整能力上相较于传统管理模式来说具有明显的优越性,为进一步营造和优化校企合作管理协同环境、完成规划目标任务夯实管理基础,保障校企合作高质量发展。

(三)协同建设的推进路径

校企合作协同可以从以下方向推进:首先,目标化赋能。校企合作模式以组织合作为形式,其本质是共生共赢,而在共生共赢的理念下,双方制定一致的目标则能促进组织内部子系统的有机协同。高职院校与企业间通过设置共同目标,遵循互依互惠、协同合作的进化规则,从而依据既定目标与共生规律来推进效能提升,将合作落到实处,把人才培养工作推向深入。其次,以制度化推进。制度化将校企合作中的各类不可控因素转化为可控因素,将无序运行转化为有序运行,并形成常态化运行机制。因此,基于合作制度连接校企多元主体及各成员,才能理顺合作流程,提升合作效率。第三,以规范化提升。我国校企合作制度及整个人才培养制度的科学发展需要规范化才能持续推进,不论校方还是企业,都应该在制度的框架内运行,从教学安排、资源使用、工作记录、考核制度等各方面均需按规范化标准实施,从而实现协同提升工作质效,促进校企合作的长期发展。第四,以程序化保障。在校企合作人才培养过程中,以程序保障教学业务与项目建设的有效运行,防止合作过程出现断档或偏差,既体现出对人才培养工作的重视,也表明了一个成熟合作模式对学校与企业双方的权益与义务的保障,同时也是对专业建设发展理论与方法的自信。要以健全的程序安排各方对应的教学培养工作,以公开化实现程序化有效运行,让校企合作优势得到更大程度的发挥。

四、结论

习近平总书记就加快职业教育发展提出树立正确人才观,培育和践行社会主义核心价值观,着力提高人才培养质量,弘扬劳动光荣、技能宝贵、创造伟大的时代风尚,营造人人皆可成才、人人尽展其才的良好环境,努力培养数以亿计的高素质劳动者和技术技能人才的重要指示。高职院校校企合作必须进一步提升人才培养效能,才能培育社会所需要的高素质技术技能人才,而校企合作制度作为高职院校不可或缺的人才培养模式,在教学活动中发挥着越来越重要的作用。

《高等职业学校专业教学标准》的分批制定及落地实施,将进一步明确校企合作原则、方式和具体形式,鼓励高职院校与企业双向流动。本文通过对校企合作协同层次模型的设计,有助于建立更为稳定的合作基础,加强协同建设,更好地提升产教融合、校企合作的质量。

(原载《职业技术教育》2020年第19期)

可持续发展理念下的产业学院
盈利模式探究

产业学院深化了校企合作,促进产学研全方位提升,是推动现代职业教育改革的有效途径。自 2017 年 12 月国务院办公厅印发《关于深化产教融合的若干意见》,明确鼓励企业依托或联合职业院校设立产业学院以来,各类产业学院如雨后春笋般涌现。然而优化资源配置及组织管理、校企协同创新提升人才培养效能并非一朝一夕之事,探寻产业学院可持续发展模式,是在喧嚣热闹之下需要清醒思考的问题。在可持续发展要求下,产业学院不仅要持续运行,而且还要能够继续完成其既定的目标;换句话说,产业学院成立后,还需要大量的人、财、物的长期投入,一旦后期运行资金不充足,产业学院就会成为空中楼阁,即便是勉强维持着名义上的存在,也不能算是"可持续"的。因此,如果缺乏清晰的盈利模式,仅仅依靠校企双方不断投入作为产业学院资金来源,那么产业学院的运行发展将缺乏财力保障,随时都有可能淹没在时代的潮流之中。

一、当下的问题

虽然产业学院定位于职业院校与优质企业联合创建的独立运

行教育机构,但从实际情况来看,往往呈现为职业院校二级学院的单位性质,管理层主要负责人员通常以合作院系的管理班子兼任,是非营利的功能定位。因此,从产业学院常规的机构设置与操作方式来看,都没有考虑盈利问题,资金的来源方式一般为:在产业学院建设前期由校企双方共同投入,在运行以后则主要依靠职业院校拨款;随着刚性运行资金需求的不断增加,产业学院建设发展过程中在以下方面已产生了较突出的问题:

第一、缺乏直接经济效益回报在一定程度上影响了企业参与积极性。校企共建产业学院,双方的利益目标并非完全一致,学校希望获得企业的技术知识、生产管理经验、行业专家师资、实习工作岗位等,而企业则希望获得学校便宜对口的人力资源、技术研发能力等,其核心是为了企业生存、发展,最终要实现经济收益。校企双方各自以产业学院作为平台寻求期望的利益,只要任何一方的利益没能得到满足,则合作积极性就不可避免受到影响,甚至中止合作。因此,在没有直接经济效益回报的状态下,企业在产业学院建设运行工作中往往执行力不足,长此以往容易态度消极,最终将导致产业学院的运行陷入困境。

第二、有限的财政投入制约了教学软硬件环境及设施建设。由《2019年全国教育经费执行情况统计公告》发布的数据可知,2019年我国职业教育经费只占全国全年5万亿教育总经费的10%,与普通高等院校相比,职业院校财政性教育经费严重不足,导致优质教学资源欠缺,教学软硬件建设投入不足;特别是一些欠发达地区的职业院校,缺乏网络教学平台,没有数字化平台可供查阅教学资料,实验室、图书馆等基本建设有待加强,现有信息化设施条件无法满足专业技能学习需要。尤其是随着互联网及大数据的发展,新数字技术与新应用的层出不穷,对计算机及网络数据计算处理能力的要求不断提升，进一步导致职业院校在教学软硬件升级更新方面捉襟见肘。

第三，薪资水平偏低限制了优质外聘师资队伍的建设。职业教育的本质属性决定了产业学院的基本要素之一，是聘请高水平的企业技术管理专家作为兼职导师。新时期外聘教师作为职业院校培养技术技能型人才不可或缺的重要群体，是满足学生发展需求、促进学校内部发展与对外合作的重要力量。然而企业师资并非义务提供，产业学院的外聘企业教师有获得理想的报酬、良好的工作环境和成就自我价值的需要，这就需要双方构成互惠交换关系的动力机制。目前，产业学院外聘教师薪资水平普遍偏低，这一现状短期内是难以解决的，而且职业院校本身缺乏名牌大学的品牌加持，当外聘教师认为自己尽到了相应的责任却没有得到所期望的经济回报时，就会产生不公平感，进而影响工作积极性，从而造成外聘教师队伍中真正高水平的专家数量少且授课周期不稳定。

2020年7月，教育部、工业和信息化部联合印发《现代产业学院建设指南（试行）》，明确提出了要赋予现代产业学院改革所需的人权、事权、财权，建设科学高效、保障有力的制度体系，增强"自我造血"能力。因此，职业院校产业学院需要积极探索市场化盈利模式，提高经营管理能力，形成良性循环的资金收入，打造可持续发展的新格局。

二、基于核心优势的产业学院盈利模式打造

产业学院是产业与教育的融合，不仅体现在市场主体与教育主体的合作层面，也体现在产业资源与教育资源的对接层面，以"学科＋产业"深度融合培养高素质技术技能型职业人才是产业学

院存在的价值核心与特色。因此,产业学院需要充分发挥对口产业的职业人才培养资源及团队优势,打造核心竞争力,依托校企双方及相关行业、教育主管部门的渠道进行业务拓展,从而打造适合的盈利模式。(表1)

表1 产业学院内外部条件与盈利模式

价值核心	内部优势	外部合作需求	主要盈利模式
学科+产业	专业教学资源 领先的产业资源 技能型师生团队 教学与生产设施	地方政府 行业企业 培训机构 投资资金 个人	社会培训服务 业务外包项目承接 企业内训平台建设 技术与项目孵化

(一)社会培训服务

《国务院关于大力发展职业教育的决定》指出:职业教育要"实施国家技能型人才培养培训工程,加快生产、服务一线急需的技能型人才的培养,特别是现代制造业、现代服务业紧缺的高素质高技能专门人才的培养"。因此,作为职业教育实施机构,产业学院凭借丰富的专业教学资源与优秀的教学团队,应当将开展社会培训作为工作的重点之一,并使其成为重要的盈利增长点。

从购买产业学院社会培训服务的渠道来分类,可分为政府购买、企业购买及个人购买三大类。其中,政府培训服务主要包括创业培训、农民工培训、失业人员培训、退伍军人培训、残疾人培训等;企业培训服务主要是依据企业需求定制培训内容,如操作培训、财务培训、营销培训、技能培训等;个人培训服务主要是考证培训,可以组织包括职业资格证书、职业技能证书、1+X证书等考试培训班进行招生授课。产业学院应根据自身情况,逐步开展各级各类有偿社会培训。

（二）业务外包项目承接

业务外包是企业有效利用外部资源，将非核心业务交由外部专业机构实施，利用它们的专长和优势来提高效率、降低成本的有效手段。面对众多纷繁复杂、变化迅速的业务问题，企业通过业务外包可以最有效地配置人、财、物资源，从而专注于主业和附加值高的业务，并让管理人员有更多的时间和精力处理最重要的业务。当下，外包服务已涵盖各个领域，包括生产制造、IT维护、财务管理、设计创意、法律顾问、人力资源、物流仓储等等；各类外包服务有助于企业高效地打造核心能力、获得商业成功。

产业学院有团队、有管理、有设备、有场地，但产业学院毕竟不是大型专业服务外包公司，面向的客户以中小企业为主，需要针对企业迅速成长和拓展市场的需求，提供更加灵活、便捷的专业服务，同时锻炼学生的实践能力。因此，做好业务外包项目服务需要特别注意以下方面：首先，项目实施需要由校内外教师直接负责，并视项目的难易程度安排适合的学生参与，保持专业服务水准；其次，要利用专业研究能力帮助客户提供更多的咨询与建议，努力推动客户的业务发展，从而形成长期合作。第三，建立高效的项目管理流程，形成完整的标准化和规范化可操作的外包服务内容，从而提供优质优价的服务。

（三）企业内训平台建设

随着越来越多的企业对知识管理的重视，基于知识管理系统建设企业内训平台已成为一种常用的培训方式。由于外部培训机构提供的培训课程一般针对通用性知识，企业专有的知识经验及实际工作应用需要借助内训平台进行二次转化；同时，内训平台可以方便企业员工随时随地进行在线学习与远程学习，让内训和本职工作可以更便捷地协调进行;而且企业的核心价值观与企业文化需要日积月累的长期灌输,无法通过外部培训进行,因此,企业内训平台建设已经成为产业学院重要的业务来源。

企业内训平台的开发需要经历一个从无到有、从简单到丰富的过程,产业学院为企业建设内训平台需要体现以下特点:第一,内训课程的开发要结合企业岗位要求及员工培训计划,在企业文化、职业素养、专业知识与技能执行上,设置解决更有针对性的、企业实际存在的问题的课程,做好课程开发的规划;第二,选派包括专业讲师及行业专家在内的优质师资作为内训课程培训讲师,帮助企业资深人员更好地分享工作心得,指导岗位业务工作方法与问题解决办法,促进企业内部现代师徒制模式的建立,最大程度地发挥"传帮带"作用;第三,建设内训资源库时需要为不同用户提供足量的有效资源,主界面架构应功能简洁明晰、操作方便快捷,突出体验式及竞赛式学习方式,不仅要方便员工高效地利用资源库学习,同时也要便于管理者检验内训的效果和质量。

(四)技术与项目孵化

产业学院不仅是职业人才的培养基地,也是新技术、新产业模式的孵化器。随着越来越多的大学生开始创业,以及与企业技术研发合作的不断深入,产业学院可依据自身专业特色资源、整合外部专业资源为在孵项目提供科研、资金、技术落地等服务,通过孵化出成功的新技术及新兴创业企业,并为这些项目的资本运作、并购、转让、上市等提供支持,实现孵化器的投资增值。孵化器模式在美国各类高校当中早已广泛开展,体现了先进的"校企一体化"的校企合作理念,在产教深度融合方面发挥了很好的示范作用。

产业学院对技术与项目的孵化筛选需要遵循市场化、商业化标准,通过拥有丰富经验的企业专家进行评估,从而提高项目成效,并通过积极引入产业投资资本,帮助新技术、新项目加快融资。在项目培育期间,产业学院在办公位出租、公司注册、人才招聘、财务、法务等服务方面均采取免费的方式,为内部创新进一步降低成本。此外,在政府与行业企业支持下,对于校企合作科技项目申报、技术场景应用、科技成果转化等提供更多的特色支持,充分发挥产业学院在推动行业发展方面的重要作用,为创新创业人才培养提供良好的条件。

三、产业学院盈利模式的实现路径

（一）创新体制机制,为市场化盈利提供保障

我国职业院校开办产业学院尚属起步阶段,特别是部分院校在选择合作企业时更多的是注重企业名气,忽视了校企合作的深度,对于产业学院的可持续发展认识不足。同时,我国公办院校的资金主要依靠财政拨款,不存在像企业那样会面临"经营不善"而导致亏损、关闭的风险,因而普遍缺乏经营意识。在职业教育改革发展的新的历史起点,体制机制创新是产业学院敢于作为、突破校企合作瓶颈的重要标志。没有体制机制的创新,产教深度融合只能是一句空话,落不到实处;没有体制机制的创新,产业学院可持续发展就只能是一个梦想,没有施展的舞台。而产业学院体制机制的创新,关键是要进一步增强市场意识,完善发展机制,加大产业学院向混合所有制战略重组的力度,进一步优化资本结构,鼓励资本、技术、人才等生产要素参与收益分配。同时,通过加强顶层设计,结合上位文件及时出台有利于市场化经营的指导性意见,消除产业学院走向市场化经营中可能存在的一些制度壁垒,鼓励产业学院主动出击,积极拓展横向业务合作,加大技术研发和成果转化。

（二）产学政一体化发展，发挥特色优势做大做强

作为不同社会属性主体的结合，产业学院要实现教育资源与产业资源的深度融合，绝不意味着政府主体责任的弱化，相反更需要政府的支持和参与。2017年《国务院办公厅关于深化产教融合的若干意见》中明确提出了要形成政府企业学校行业社会协同推进的工作格局，因此，在产业学院建设过程中，政府角色不但不能缺位，还要进一步强化政府主体责任，正确发挥职能，形成多方联动、协作共赢的格局。一方面，产学政一体化下的相关各方需要顺应产业趋势，开发更多产业链业务机会及应用场景，奋力抢占产业制高点，瞄准培育具有国际国内竞争力的产业项目，以产业学院为平台推动产业转型；另一方面，地方政府与行业主管部门要积极推动行业职业资格考试培训在产业学院的落地，将产业学院打造成规模性的行业技术技能型人才培养基地，并共同建立行业人才标准体系；此外，在多方共同支持下，产业学院可以通过联合或自行打造高新技术创业服务中心或科技创业园，成为优秀人才与优质项目的集聚地，激发产业学院组织的创新力。

（三）建立经营管理体系，以业务目标优化资源配置

市场化运营离不开以业务绩效为核心的经营管理体系，产业学院需要根据战略发展规划、资源状况和所处的市场环境，明确经营目标和方针，对内外资源进行有效的配置。首先，产业学院必须明确经营管理的责任主体并梳理出主要业务流程，参照企业经营的模式设置专门的业务部门并界定对应的职能，将经营职责真正落实到责任人；第二，梳理出明确的、可执行的量化指标体系，打造清晰的业务主线，每项指标都有实施计划、具体举措、结果评价，并逐月逐季总结分析，在满足人才培养的基本前提下逐步实现经济效益；第三，必须使重视经营业务工作成为产业学院自上而下的共

识,各部门均需支持与配合业务部门,把资源投向能为产业学院产生效益的地方,并组建项目团队保质保量完成业务;第四,在实现经营效益的同时需要有效控制成本,抓好预算管理、现金流管理、资产负债管理、人员成本管理、经济利润管理,落实管控措施,提升投资、成本支出等资源投入的回报水平和效益质量,保障产业学院有序运行。

(四)引进优秀营销人才,提升产业学院品牌影响力

从当前产业学院的人员构成情况来看,不论是管理层还是教师队伍,均由合作院系及企业人员兼任,其考核标准也与产业学院无关,一般不专门负责产业学院的具体经营活动。为有效加速产业学院市场化,提升产业学院盈利能力,需要制订适宜的人才战略,通过人才自主招聘、薪酬自主分配等创新举措,从外部引进优秀营销人才,加速推动产业学院市场化经营。尤其相对企业而言,我国公办院校招聘待遇普遍偏低,所以产业学院需要从经营激励及人事薪酬制度上予以突破,给予经营管理部门取得成果后在资金回报上的支持,并提高管理人员、核心业务人员的工资报酬,充分体现他们的能力价值。同时,还要加强产业交流,着力发挥产业学院科研与人才优势,大力推动资源共享、产业合作,共促产业发展,提升产业学院在产业中的品牌影响力,从而构建良好的产业合作基础与环境。

四、结语

《现代产业学院建设指南(试行)》的印发标志着我国产业学院模式已经进入 2.0 时代。在新的发展阶段,产业学院的建设必须贯彻新发展理念,构建新发展格局。走可持续发展道路,既是产教深度融合的体现与要求,也是产业学院自身生存发展的必然选择。

只有积极探索产教资源要素的效益转化,让社会各方主体看到投资职业教育的收益回报,才能吸引更多的外部资源投入产业学院建设,并采取实际行动支持职业教育事业,从而为高等职业教育的发展创造良好的环境,实现校企相互支撑、相互成就的战略目标。

(原载《中国职业技术教育》2021年第31期)

高职产业学院协同创新机制内涵与建设路径探析

一、引言

加快校企合作、深化产教融合是高职院校发展的必经之路,也是高职院校人才培养改革的关键问题之一,而产业学院模式为产教融合的顺利实施提供了良好路径。相较其他职业教育产教融合模式而言,产业学院优势是由高职院校和行业企业联合成立的独立性教育机构,能够更加充分地彰显校企深化合作的意志,从而提升高技术技能人才培养与科研应用的针对性和适切性,激发企业深度参与职业教育办学的内生动力。

2017年国务院办公厅发布了《国务院办公厅关于深化产教融合的若干意见》,鼓励企业依托或联合职业学校、高等学校设立产业学院,促进人才培养供给侧与产业需求侧结构因素全方位融合。在当前高等教育人才培养改革进入不断深化的阶段,高职院校如何积极与行业领先企业合作共建产业学院、积极推进协同创新、实现互惠共赢与可持续发展,已成为当下高职教育发展的重点与难点。本文基于对目前高职产业学院现行问题的剖析,以协同创新视角提出了产业学院组织效能提升的关键要素,并在此基础上探索产业学院实现协同创新的建设路径,为进一步推动高职教育产教融合、提升产业学院运行效能提供了新的研究思路。

二、高职院校产业学院当下主要问题

综合近两年的各类相关研究,当下高职产业学院运行中的主要问题可归类如下：第一,管理体制僵化,合作协调成本高。产业学院在单位性质上隶属于高职院校,虽然相对传统的院系来说具有较自主的人财物等资源配备及运行管理决策模式,但校企双方往往仍受制于其各自不同的管理模式,原本强调的管理灵活性优势未能充分发挥。第二,校企双方利益目标不一致,合作积极性下降。学校希望获得企业的技术知识、生产管理经验及实习工作岗位等,而企业则希望获得学校便宜对口的人力资源、技术研发能力等,双方合作目的并不相同,并各自以产业学院作为平台寻求期望的利益。只要任何一方的利益没有得到满足,则合作积极性就不可避免受到影响,甚至导致中止合作。第三,缺乏冲突解决机制,项目执行力不足。学校采用的是行政化管理方式,企业则有自己的管理决策方式,当校企双方在产业学院的合作过程中产生冲突时,这两种截然不同的管理方式往往导致冲突难以协调解决,在项目上执行力不足,长此以往还会造成各方态度消极,最终将导致产业学院的运行陷入困境。第四,传统教学框架未能突破,创新效益不高。由于教学工作一般都以学校为主导,因此企业不易深入参与到人才培养方案制订、课程设置、教学内容选择、师资调配、教学方法改革、教学评价等职业教育的全过程中,在产业学院合作中企业往往充当了被支配的角色。同时,学校与企业之间也未能形成良性的研发应用互动,学校老师还不能深入企业实现科研创新的转化,进而助力企业技术升级改造。

可以看出,作为一种合作型组织,目前产业学院普遍存在因组织管理而导致的运行不畅的问题。基于管理学角度，组织内涵和管理特征构成了产业学院建设与运行的内在基础，为进行深层次剖析高职产业学院当下问题提供了切入角度。

高职产业学院是一种深层次、立体化、全方位的校企合作办学模式。企业将行业经验、工作岗位、生产工艺、经营管理等资源注入，高职院校将人才优势、科研优势和社会资源注入，形成优势互补并协作发展。与一般的校企合作育人项目不同的是，产业学院是高职院校与优质企业联合创办独立运行的教育机构，既不同于高职院校的二级学院，也不同于短期项目订单式培养，而是保障健全、资质完整、单独招生的教育单位。因此，高职产业学院是在以资源共享、合作共赢为基本目标下，学校与企业在建设之初就签订办学协议，明确规定了相关利益主体的权利、义务和责任边界，对学院的建设和运行有着详细周密的安排，以此保障学院的正常运行。

有效的合作意味着高效率、高质量地共同工作，合作型组织需要消除组织内部的各种障碍，通过有效挖掘组织成员的能力，提高员工和部门间的协同绩效。所以，采取合作型组织管理模式的产业学院，随着校企双方在产业学院中的合作不断深入，在发展过程中必然会是"分工"越来越细、"障碍"越来越多、"协作"难度越来越大，并导致了各种问题的出现。

三、高职产业学院协同创新机制内涵

在信息技术时代，巨大的变革与冲突导致不确定性增加，一切都在重构之中，包括认知重构、价值重构、思维重构。对这些重构的理解需要一个更加广泛的视野、更加互动的关联以及更加开放的格局，需要一个类似于"生态系统"的逻辑——复杂、多元、自组织以及演进与共生。

当代的组织效能提升不仅仅来自分工,更来自协同创新。基于资源共享理念发展而来的协同创新,是将各个创新主体要素进行系统优化、合作创新的过程,以帮助组织进行多元化的资源交流,为自身的发展和创新提供必要的资源保障。协同创新模式下的各个创新主体是相互独立的,但是拥有相同的目标,并且主体间的交流是直接的、快速的。这种模式优化了各种资源的利用,通过协同使创新变得更加容易,而不再仅仅依靠各自单独的能力发挥。

协同创新可以从整合与互动两个维度来分析(如图1所示),在整合维度上,主要包括知识、资源、行动、绩效,而在互动维度主要是指各个创新主体之间的知识共享互惠、资源优化配置、行动同步协调、系统匹配保障。

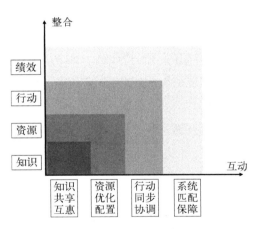

图1 协同创新理论框架

就高职产业学院而言,协同创新对应为实现校企双方的优势互补,推动产学研全方位发展,提升技术创新能力和人才培养能力,加速科技成果产业化,具体体现在以下内容:

在知识共享互惠方面，高职院校教师和企业人员互为知识的提供者和接受者，双方在教学与生产情境中，通过观察学习、项目合作、岗位流动、技术革新与推广等各种途径获得各自所需要的知识，并对其进行加工、整理、创新和应用。教师通过现场观察、参与企业项目与技术革新等活动，将活动中获取的知识与经验用以指导自身的实践行为，或者经由实践活动得出经验，并将其内化为隐性知识。企业人员通过知识共享，促进企业技术创新和员工技术水平提升，实现企业对利润的追求，有助于企业的持续创新与发展。

在资源优化配置方面，产业学院通过对人、财、物以及无形资产等方面的优化配置，不仅要实现高职院校人才培养与科研的需要，也必须满足企业利益的实现。产业学院需要以校企双方确定的合作目标进行精细的投入产出测算，把资源投入产出的综合评价、资源的配置、可能出现的风险等问题统一考虑，使资源配置目标一致，使资源配置风险的预测与控制一致，从而达到双方的优势资源合理地流动并实现配置的优化，既避免投入不足，又避免资源浪费。

在行动同步协调方面，产业学院对于专业规划、师资安排、培养计划、技术创新等重要发展战略均需在学校与企业达成一致共识的基础上制定，共建师资队伍与实训基地，共享教育资源及科研成果。同时，在合作过程中，校企双方尤其要依据本身的优势确定各自的工作重点，并进行对应考核。一般来说，学校方侧重于提升学生的基础理论知识、思维逻辑能力，以及教师教学能力和科研能力；企业方侧重于提升学生职业技术能力和就业机会，以及技术创新应用等工作。

在系统匹配保障方面，科学管理与保障体系是产业学院运行和发展的必要条件。科学管理不仅可以激发校企双方合作培养高素质技能型人才的热情，推动传统教学模式的改革；同时，也能加快新技术的研发与应用，以及新产品新模式的生产与推广，从而提高从科研到市场的转化速度，实现降本增效。同时，产业学院的保障体系以校企双方的利益结合为切入点，以创造各项合作共赢的条件，推动规范化合作，保障产业学院的长久运行。

四、高职院校产业学院协同创新机制的建设路径

2019年，习近平总书记提出要"建设重大创新基地和创新平台，完善产学研协同创新机制"的重要战略。推动校企合作的深度融合，提升产学研合作质量与内涵，需要建设产业学院协同创新机制的良好实现环境。

（一）凝聚思想共识，强化协同发展战略理念

协同创新是深化产教融合、提升校企合作效能的关键之举；是破解高职院校人才培养与社会需求衔接难题、落实"三教改革"的重点之策；是完善"教、学、做"三位一体教学模式、遵循职业教育规律培养人才的新支点；是促进校企优势资源互补、引领高职教育与行业企业的高质量发展路径。

高职产业学院在建设过程中，学校与企业两个组成主体要加强以下共识：一是要以产业学院为平台，清晰认知协同创新有助于双方在产学研领域优势互补、实现互利双赢；二是优质人才培养任重道远，高职院校需要培养企业所需人才，企业需要减少人力培养成本，双方非供需关系而是合作发展关系；三是互联网与数字技术发展日新月异，校企双方均不得不应对不断变化的市场趋势，特别是对注重实用性的高职人才培养工作来说，需要不断更新知识体系与培养方案，加强危机感、紧迫感。

当下，资源共享、协作创新已成为推动社会与经济发展的必然趋势。从国家层面来看，长三角、京津冀、粤港澳区域协同发展已上升为国家战略，优势资源重点利用，短缺资源互补互助，通过协同激发动力，推动整体经济转向高质量发展轨道。从企业层面来看，资源整合已成为促进企业健康发展的重要途径，资源整合能力是企业实现商业模式创新和构建持续竞争优势的重要因素。从更微观的工作层面来说，靠单一技术的突破已越来越难以产生直接的商业效益，只有将资源有效连接在一起，构建和创新商业模式并有效协同，才能实现突破性的发展创新。因此，高职产业学院建设要遵循"协同"的管理理念，强化"创新"的发展思路，校企双方要在长远规划的基础上，注重优势互补，把实现互利双赢、共同发展作为建设目标和战略抓手，从而提升产学研创新力与竞争力。

（二）打造协同平台，优化业务与资源管理体系

协同创新需要学校与企业间互联互通，在掌握充分的信息与数据的基础上统一调度协调各项工作，从而对业务和资源进行优化管理，为此，产业学院的管理离不开协同平台的打造。协同平台促使校企双方将各种内外部资源纳入一个统一的管理决策平台，实现基于业务任务的工作安排，既避免了学校与企业在工作对接管控中可能出现的衔接问题，又能够基于资源最大化利用来服务各项业务决策。

协同平台架构可总结为"五层结构、两个规范体系"。五层结构自下而上分别是基础设施层、数据资源层、应用支撑层、业务应用层和界面展示层；两个规范体系则是指教学标准规范体系和合作管理规范体系。在平台打造过程中，基础设施层依托大数据技术、云技术及网络安全等软硬件基础设施环境，满足平台高效安全运行的需求；在数据资源层方面，由学校与企业共建各类资源数据

库,如教学资源库、教师资源库、科研数据资源库、学生信息数据库等,提供包括报表服务、智能检索、业务分类、效能评估和共享交换等数据管理与应用服务功能;应用支撑层提供包括用户管理、业务分配、流程监管、绩效测算等服务,并支持服务项的更新与扩展;业务应用层则主要包括综合办公、人事管理、课程管理、项目管理、财务管理等业务,并最好能与校企双方的管理系统实现数据对接;界面展示层是面向使用者提供包括电脑端及手机端的信息展示与交互服务。此外,协同平台还需校企双方共同制订配套的"教学标准规范体系"与"合作管理规范体系",从而在业务管理、资源管理、行政管理、信息发布等方面确保能够按照双方认可的目标与规章高效运行,坚持公平公正、依规办事,才能合作共赢、协同创新。

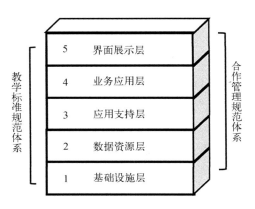

图 2　产业学院协同平台架构

为统筹资源、打造协同平台,校企双方特别要做好产业学院的顶层设计,为产学研各项工作提供充分的人、财、物支持。同时,产业学院的规划设计需要具有前瞻性和创新性,通过组建专家组研判区域发展战略与产业发展趋势从而确立长远发展目标,并且要有开放的视野和包容的精神,校企合作之路才能越走越宽。

（三）完善保障体系，贯彻互利共赢合作宗旨

近些年，尽管在高职教育中也提出了校企双方是"利益共同体"的概念，但在合作过程中，学校往往过多强调自身的行政主体领导权，自觉不自觉地以社会责任和政策限制损害到企业应获的利益；而企业由于经济效益导向，往往把追求短期经济利益的最大化看作是合作目标，实行"合作搭台，生意唱戏"，对产学研工作不愿做实质性投入。"合则双赢，分则两伤"，为促进产业学院健康发展，校企双方必须要正视对方的利益诉求，保障双方获得利益的权利，以激发产业学院内生动力，推动协同创新、共创未来。

针对高职院校与企业合作的保障规范问题，国家现行法规政策的实际操作性较弱，而教育主管部门与地方政府也缺乏针对性的配套政策，现行的政策法规如《中华人民共和国职业教育法》和《国务院关于大力推进职业教育改革与发展的决定》等文件，都只是在宏观上对"校企合作"进行指导，缺乏明确、具体的细则。因此，完善产业学院的保障机制，清晰界定学校和企业合作的权责，厘清权益归属、收益分配、管理监督等问题，也是产业学院协同创新体系建设的重要内容。

除了少数民办高等学校外，关于高等学校的性质问题，不管在立法和社会普遍认识上都比较一致，即定位为事业单位，属于法人概念中的事业单位法人。企业与学校在单位属性上的区别，决定了两者在组织的运行与管理上具有根本性差异：企业以追求经济效益为优先，学校则将社会效益放在首位；管理中企业由负责人最终直接拍板决策，而学校则不仅由领导班子民主集中制决策，遇到重大事项还需要向上级行政管理部门申请报告后方能执行。因此，产业学院必须以完善各类保障机制为基础，才能提高校企双方合作的稳定性，推动校企合作的长效发展。

五、结语

在职业教育产教融合深入开展、人才培养要求不断提升的时代背景下,高职产业学院通过校企优势资源共享、完善运行管理体制机制、系统推进协同创新,不仅体现在校企合作取得了新突破,更在于从宏观层面提高了产教融合的层次,丰富了产教融合的内涵,为推动我国高素质高技能人才培养战略目标的实现提供了有力保障。

(原载《科技和产业》2020 年第 10 期)

产业学院校企资源协同优化探究

产业学院通过产教深度融合，推动校企双方协同创新，实现产业人才供给侧与需求侧耦合，以促进服务行业转型升级，加速职业教育现代化发展。近年来，我国出台了一系列扶持与引导政策，开启了产业学院加速发展的新篇章。在产业学院建设过程中，资源协同成为校企双方工作的重中之重。那么什么是资源协同？资源协同的概念来源于协同理论，其本质就是以实现共同目标或价值为导向进行资源的共享或交换。依据资源基础作用理论，资源优势构成了组织的竞争优势，产业学院能否建立起资源优势，形成超越一般意义上的资源互换式校企合作——学校提供资金和订单班、企业提供技术专家授课和学生顶岗实训安排，就成为判断产业学院建设成效的决定性标准。因此，产业学院资源协同的意义在于将产业学院打造成一个能有效集成相关优质资源的平台，并更好地支撑优质资源发挥作用，从而充分提升产业学院的竞争力与创造力。

当下，产业学院校企协同的研究与实践重点集中于教学协同和管理协同领域，而资源协同则仍停留在笼统的对优势互补理念的强调，尚有待进一步梳理产业学院到底有什么类型的资源、资源协同中还存在哪些问题,以及如何实现有效协同将校企优势资源转化为产业学院高质量建设发展的助推剂。

一、产业学院存量资源梳理

从形态上来看,资源包括了有形资源和无形资源;而从特性上来看,资源强调了价值性、稀缺性、不可模仿性、不可替代性、独特性。对产业学院的组成主体——学校和行业龙头企业而言,双方在产业学院中的存量资源主要包括如下方面。

(一)政府支持与扶持政策

产业学院兼具教育背景和知名行业企业背景,不少职业院校原为行业部属高校,企业均是各级政府重点关注和服务的对象,不仅具备良好的政府关系基础,同时产业学院的建设也积极响应了国家号召,因此有力的政府支持与扶持政策是产业学院得天独厚的优势资源,重点体现在:一是行业与地方主管部门支持。此项资源能够帮助产业学院在重点学科建设、重点实验室建设等方面争取到专门资金支持,并可参与到行业科研、示范工程、国际合作等相关项目中,还有利于获取如科技示范基地、科技推广基地、产教融合示范基地等荣誉。二是各类扶持政策。目前,从国家到地方的校企合作扶持政策已经出台,对企业在减免税收、申请财政补助资金、放宽信贷融资等财务支持方面加大了力度,对学校在实训基地与创业孵化基地建设、科技成果转化、学生就业、人才引进等方面也给出了多种支持方案。一些政府与行业主管部门还与产业学院共同成立了创新创业投资基金,鼓励产业学院开展创新创业探索。

(二)项目案例与行业影响力

处于行业第一线的合作企业熟悉最新技术的应用状况,还拥有大量的真实项目案例,校企双方可以共同将这些项目案例按教学要求改编成教学案例,融入理论教材与实训实习中。这些教学案例紧跟行业现状,体现真实的生产要求,有利于理论教学结合真实案例、实训教学还原真实操作流程与标准,还能开发成活页式教材不断更新迭代,是职业教育新一代教材的重要素材来源;同时,在具有丰富经验的企业专家与熟悉专业理论的学校教师联合指导下,学生能够将理论知识运用于操作实践中,大大缩短岗位适应时间。此外,知名企业具备的行业影响力能够为产业学院及毕业生带来良好的品牌效应,不少原本默默无闻的院校因产业学院而搭上了知名企业快车,不仅有机会参与甚至举办行业重要活动,而且能够邀请到国内外专家组建智库,有利于为专业发展准确把脉,显著提升毕业生就业质量。

(三)办学资质与生源扩招

在严峻的就业形势下,职业技能培训成为许多机构或群体争相进入的市场,期望通过开办各类技能培训班以谋求经济效益,而办学资质则成为这个市场的准入门槛。在有关民办教育的法律规范中,对办学资质有严格的审核标准与审批程序,对无资质办学的行为定性为非法经营行为。产业学院所拥有的办学资质,不仅可为企业定向培养所需的人才,还能开展各类经营性的社会培训,如政府培训、考证培训、中外合作办学等。与此对应的是,近年来职业教育的地位和在国家经济发展中的作用不断提升,《中国教育现代化2035》《加快推进教育现代化实施方案(2018—2022年)》《国家职业教育改革实施方案》等文件,对职业教育的长期发展做了明确规定;而高职教育百万扩招的举措则表明职业教育已经从一个较为封闭的教育层面上升到一个有利于提升国家人力资本质量的开放的教育层面,进一步证明了产业学院办学资质的含金量越来越高。

（四）教学能力与教学条件

在"现代学徒制"培养模式下，校企双方共同制订最新的专业人才培养标准与教学计划，结合行业实际需求强化实训教学，推行翻转课堂、混合式教学、理实一体化教学等新型教学方法，实行校企双导师共同负责制，采用新的教材，强化"以干促教""以赛促教"理念，真正转变以理论为主、实训为辅的传统教学方式，培养德技并修的高层次技术技能人才。另一方面，产业学院一般都购置了先进的实训仪器和设备，教学硬件甚至远超知名学术性院校的水平。同时，产业学院兼具学校和企业不同的教学环境，创造出教学与职场一体化的学习氛围，如在实训基地中，产业学院能够承接企业的真实生产项目，也可以便捷地开展各类社会培训，有的产业学院甚至还能提供包括财务、法务、人事、投资等一揽子服务，便于师生开展各类创新创业项目，有助于促进各类新技术、新模式的落地与应用。

二、产业学院资源协同中存在的问题

资源协同需要达到同类资源高度关联、不同类型资源相互作用，是组织实现机会开发的基础，也是获取竞争优势、提高绩效的重要手段。但就目前而言，产业学院资源协同中存在一些典型问题，导致资源分散零碎、重复建设、低效使用的情况相当普遍，削弱了资源的价值，影响了产业学院的建设成效。

（一）资源简单拼搭，未形成效能增量

产业学院的校企双方往往都从各自最容易提供的资源存量出发开展资源整合，如学校能提供教室、实验室、教师和办公场地，而企业能提供授课专家、实习机会等现成资源。这样的组合看似能

够满足教学工作的产教融合要求,然而这些资源如果不经规划,往往只会各行其是,每个资源对应提供单一功能,仅停留在简单的校企资源拼合层面而谈不上实现创新效益,与常规的校企合作无明显差别。例如,有些产业学院推行"双导师制",做法只是校企各出一名人员共同挂在学生班级群里负责指导答疑,这种配合没有在教学方法和教学内容上进行新的突破,其效果必然差强人意,就不能算作资源协同创新;还有的产业学院提出"理实一体化"教学,实际就是安排学生在校上一次课然后去企业生产线上实训一次,而且课程内容与实训内容还不同步,这种轮流交替教学不仅不能起到理论与应用的互相促进,反而使学习进程被打断,学习效果无法得到提升。

(二)为协同而协同,导致资源同质化

在创建产业学院时引入企业师资成为资源协同的规定动作,以企业技术人员代替学校教师来教专业技能课,旨在强化应用能力的培养。但企业的品牌光环与行业影响力并不等同于教学能力,有相当部分的企业教师不仅很难真正投入时间与精力做好备课与授课工作,还缺乏基本的教育教学能力,并且对待缺乏业绩指标的日常教学不够重视,甚至有的兼职教师是企业派遣的一些边缘化人员,造成学校教师和学生对企业教学的水平与质量提出质疑。这种为协同而协同的做法造成了师资浪费,不能产生好的教学效果,与协同创新背道而驰。同样,去企业实训也是产业学院最普遍的教学安排,然而一些企业的软硬件设施设备与学校机房、实验室几乎相同,并且让学生使用的相当一部分硬件设备都是企业长期使用后淘汰下来的,正常操作都成问题;另外实训内容因企业无人精心准备,往往只是原封不动地照搬课本上的习题,同时也无企业人员认真检查学生的实训效果,完全没有体现出企业实训的优越性。

（三）盲目协同导致资源未得到充分利用

在协同过程中,有些产业学院因为急于求成而缺乏恒心和耐心,盲目致力于研究各类新教法、开发新教材,把有限的资源投入到充满不确定性的探索式创新,却不注意把现有的教学工作做精做细,既分散了资源又导致泛而不精,所谓的新模式适得其反做成了"四不像",既增加了短时间内大规模资金投入的风险,也由于效果不佳而影响了校企合作的信任基础。此外,还有的产业学院忽视或放弃了原专业自身的特色与优势,没有找到准确的角色定位而盲目跟风。还有一些产业学院的校企合作并不是基于对专业发展的共同理解自然而然地走到一起,而是在行政指令下仓促结合,自然在协同过程中缺乏共同语言,使得协同合作流于形式,资源被严重浪费,最终导致效率低下。

（四）缺乏投入导致资源更新维护不及时

资源需要不断更新维护,原有的优势资源一旦过时不能正常发挥作用,就称不上资源,协同创新也就无从谈起。资源更新维护无疑需要足够的投入,而产业学院的财务支出既受制于校企双方共同确认的经费预算,也受制于学校方财政资金的使用范围,绝大部分只能用于硬件设备购置、教材出版和师生培训等固定的财政预算类别;但数字资源订购、行业关系拓展、品牌宣传推广、大型行业活动举办等不易量化效果、不易做资产核查的软资产、无形资产,在立项及结项审批时往往需要做复杂的补充说明,容易导致资源更新维护投入不足的问题。目前,产业学院的行业数据普遍不全且数据陈旧,无法展现行业的发展变化;实训基地的工作场景及实训内容跟不上行业变化,实训学习与实际工作存在脱节之处;在行业关系的维护和影响力打造方面也面临着不进则退的局面,距离成为产业链有机组成部分的目标仍然有很长的路要走。

三、产业学院资源协同优化路径

根据协同理论,协同效应的产生需要系统建立起良好的内外部秩序:一是系统内部各子系统相互作用和协作,促使系统从混沌状态中形成稳定结构,从无序运行变为有序运行;二是系统要体现开放性,能与外界进行物质与能量的交换,形成对外合作进而产生新的价值。因此,可对产业学院资源协同优化路径做如下规划(如图1)

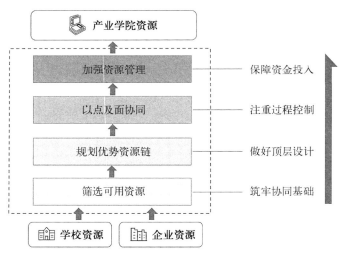

图1 产业学院资源协同优化路径

(一)筑牢协同基础,筛选可用资源

不同于普通校企合作的资源直接交换模式,产业学院需要校企先成立共同组织,然后依靠组织发展获益实现双方的收益,因此,校企双方对资源投入的程度、协同的力度与自身的利益诉求直接相关。尤其学校和企业是不同性质的组织,双方存在不同的利益考量与回报目标,只有在理解并满足双方投入回报诉求的基础上才具备有效开展资源协同的可能。校企双方的结合既要有对美好愿景的期许,也要有对自身及合作方利益诉求的事先约定,才能明了所需投入的资源,准确估算资源协同成本,避免陷入相互指责与推诿中,以减少协同过程中的摩擦和误会。

同时,明了双方利益诉求也为梳理可投入优质资源划定了合理范围,有助于换位从对方角度思考而不只从自身利益角度提出可行要求。以笔者所在的数字媒体产业学院为例,企业方希望每年招收30个定向培养的优秀学生、享受税收减免优惠政策及开办社会培训业务。基于这个诉求,产业学院对企业的资源要求主要包括以项目团队主要负责人担任教师、安排流程完整的学生跟岗实训、提供最新企业真实项目案例参与实训教材编写等内容,取代了一些好高骛远、不切实际的空头支票,并将各目标要求作为产业学院发展目标实现后的利益兑现。需要注意的是,对于已有的资源要甄别是否为优质资源,如引入的企业教师是不是真正的技术专家、投入的教学设备能否达到真实生产要求、实训项目能否代表最新产业业态等。只有筑牢协同基础,校企双方才能形成一致的协同计划和行动。

(二)做好顶层设计,规划优势资源链

在进行资源整合顶层设计时,要体现开放式创新的特点。"开放式创新"最早由美国哈佛大学切萨布鲁夫(H. Chesbrough)教授于2003年提出,是指组织在创新过程中通过与其他组织进行广泛合作,整合内外部创新资源进而提高创新效率与效益的创新模式。在开放式创新下,产业学院要成为产业资源平台,可以邀请行业中各类企业、组织参与学院的建设发展,邀约更多的优秀团队和人才参与各项工作,公开发布产业学院的需求及教学与技术难题,广泛征集解决方案,并将已有资源对同类院校、行业企业乃至国外团队开放。开放式创新能对产业学院现有资源进行深度挖掘以发现新用途,有助于开发出具有复杂性、交叉性和创新性的教学资源、教学方法、教学模式,从而提升资源利用效率,提高产业学院创新能力。

针对不同属性、层次、结构的各类资源,产业学院可以从横向与纵向进行链式结构规划整合,以发挥资源联动优势,提升资源价值与使用效能。横向资源链面向产业相关资源,主要包括产业发展、产业技术、主管机构、重点企业、协会组织、岗位工作、模式案例、行业研究等内容;纵向资源链主要面向人才培养相关资源,包括人才需求、院校专业、能力要求、教学标准、培养计划、师资教材、教学设备等内容。这些集聚在同一链上的资源更容易建立起相互间的关联,并且通过纵、横资源链的设计可构成一个"产业—教学"的二元坐标系,形成更多元化的产教资源组合,充分体现产学研一体化特色。

(三)注重过程控制,以点及面协同

在协同过程中,校企双方通过组建矩阵式工作小组,共同确定目标任务,并按各自资源现状进行分工与协作,落实产教融合的理念,避免工作小组人员因归属组织不同而各自为政。如教材开发小组可由产业学院的教学负责人出任组长,学校与企业各自设立分管组长并分别组织相关人员成立开发团队,在明确各章节的具体内容及分工后,小组成员遵循约定的指令与进度进行内容开发,每位成员既要向各自所属的分管组长汇报进度,又要在约定时间或遇到问题时组织工作小组集体讨论。矩阵式工作小组的组建不仅能深化校企合作,而且使参与成员的工作满意度与工作效率明显提升,更有效地解决合作中产生的各类问题。

要在赛道上实现领跑,还必须找准最迫切、最重要的突破口,以点及面地进行协同。对尚处于摸索期的产业学院来说,与其把有限的人力、财力投入到充满不确定性的领域,不如遵循"百尺竿头更进一步"的思路,将已有一定优势的项目提升到区域乃至国内领先水平。如有的院校在学生竞赛方面具有较好的成绩,可以通过加强企业实战操练及知名专家指导,争取在全国乃至世界技能大赛上取得突破;有的院校已建立了较完整的实训体系,则可通过引入最新的企业真实案例,使实训更符合岗位工作要求。通过抓好突破点,既可以使校企双方减少不确定性投入,也容易快速打造产业学院的领先优势,实现可预期的效果,并向关联领域平稳拓展。

(四)保障资金投入,发挥资源效益

保持资源优势离不开对资源的持续投入。产业学院获取新资源、生产新知识、建设新环境、提升资源的可用性与易用性,都需要足够的资金。这些资金一是要靠校企双方充分意识到资源管理的重要性,在产业学院年度预算中设置一定比例或一定额度的经费,类似企业研发费用的预算;二是要充分利用各类已有资源开展社会培训、数据服务、行业活动等营收业务,这些业务既可以通过服务政府来获利,也可以通过服务企业和个人来获利,甚至部分产业学院还可以发展电子商务、工艺品制作等业务。通过多种方式保障足够的资金投入,才能使资源"投入-使用-获益"形成正循环,进一步构建产业学院优势。

为进一步提升资源利用率、充分发挥资源效益,产业学院应建设资源管理系统。平台的主要功能模块须涵盖资源更新、资源查询、资源调用、决策审批等,注重系统的实用性与便捷性,以服务产业学院校企双方开展资源协同及资源使用,并能提供开放接口给外部合作方。平台的资源数据可依托网络抓取、专人录入、用户创作(UGC)、共享共建等形式持续更新,实现数据挖掘及数据可视化呈现,为今后构建行业大数据、打造行业人才知识图谱提供有力支撑。

(五)加强队伍建设,用好考核抓手

一是要安排专职负责人员。产业学院院长或董事长可以由校方与企业方高层兼任,以便调配校企双方的相关资源,而具体协同工作需要有专职人员进行负责。学校将专业注入产业学院后,要将对应的专业负责人及教师、辅导员和行政人员同步调整至产业学院,而企业同样需要为产业学院配置专职的管理人员、技术与项目导师、业务拓展人员,从而组成一支具有共同目标与共同利益的队伍。同时,还要向社会公开招聘优秀人才,特别是在行业关系拓展、品牌打造、效益提升、数据应用等方面,需要吸引更多的优秀人才加盟。如果能够在待遇激励和录用编制上有所突破,在关键岗位引入行业领军人才,对资源协同将产生极大的推动作用。

二是要建立针对性的考核机制。目前已有不少产业学院在校企双导师带领下,组织学生承接企业外包生产项目,企业按照计件方式分别与产业学院和学生进行费用结算;同时,凭借丰富的专业教学资源与优秀的教学团队,产业学院应将开展社会培训作为一项重点工作,包括对接人社部门开展各类政府财政统筹安排的培训项目,也可以针对职业专项技能开设培训班面向社会招生授课,形成长期稳定的营收来源;此外,产业学院还可以在提供产业服务,如产业数据库建设、行业发展报告研制、行业人力资源服务等方面进行布局,使资源优势不断转化为实实在在的效益,为产业学院做大做强奠定坚实的基础。

当前,我国正在加快推进产教融合、校企合作,正处在全面深化职业教育改革的关键时期,任务艰巨,时不我待。校企双方需要把握机遇、勇于担当,在产业学院建设过程中相互配合、相互促进,优化资源协同,朝着全面深化职业教育改革的总目标聚焦发力,以打造特色鲜明的现代产业学院,服务产业转型发展和人才培养。

(原载《职业教育研究》2023年第4期)

合伙关系视阈下产业学院校企合作治理优化路径探究

为推动专业建设与产业发展深度融合、培养高素质应用型人才,我国出台了一系列政策鼓励校企合作创建产业学院。近年来,相关院校纷纷与行业知名企业进行联手,产业学院也如雨后春笋般应运而生,甚至有的院校一个专业或专业群建立了不止一个产业学院。然而在热闹喧嚣成立之后,产业学院还面临着长期的校企合作治理问题,部分产业学院甚至在未有实质性启动的情况下,就因合作治理不畅即被搁置一边,处于事实上解散的状况。虽然产业学院从创立起通常就已经存在着校企双方均认可的内部体制机制,并通过签署合作协议将组织管理制度化和规范化,然而这样的协定约束并未能避免部分产业学院已经或即将处于停摆的窘境。

因此,调研梳理当前产业学院中出现的校企合作治理问题,深入剖析问题产生的原因,努力构建顺畅的校企合作关系,从而充分发挥校企双方的教育主体作用,推动产教融合走稳走实,已成为产业学院高质量建设与发展的关键所在。

一、当前校企合作治理中的相互质疑

当前,产业学院中的校方对企业方的质疑主要包括:一是教学能力不如预期。一些企业派遣的技术骨干教师在岗位工作中往往只长期负责某一项工作,因此仅在较窄的领域具备专项知识与经验优势,难以单独承担整门课程的全部教学,而且有部分企业教师既没有时间和精力精心备课,也不善于以课堂形式教学,也造成课程教学计划与教学方法存在随意性。二是毕业生招收能力有限。虽然产业学院的合作企业一般均会签署订单班协议以保证毕业生就业率,然而许多企业的业务规模成长无法支持连续招收如此多的职校毕业生,且近两年部分企业在遭遇新冠疫情后采取了业务收缩的发展策略,毕业生招聘数量明显缩减,导致企业无法完成预期的招聘许诺。三是没有投入足够财力。产业学院成立时合作企业一般都会宣布预期投入,但投入资金并不会在一开始就全部到账,有时甚至只有口头表态,往往还会以各种无形投入进行作价计算;而在购置教学器材、建设实训基地等项目需要支付高额的经费时,企业会持非常谨慎甚至保守的态度且需要经过复杂的讨论审批手续,因而大多数最终都变成学校单方面买单的局面。四是缺乏专人负责。当前参与合办产业学院的企业大部分都没有独立运行的产教融合部门,或者仅以小规模团队作为新业务模式进行探索,教学与管理人员也都是兼职,且其合作院校往往不止一所,因此,在产业学院建立初期还能与院校保持比较紧密的联系,但时间一长后就往往因人手不足而对接不畅,在岗不在职的情况比较突出。

  同样,产业学院的合作企业对学校也有抱怨,典型的问题主要包括:一是短期内只有付出但缺乏收益。虽然校企双方在产业学院规划中也会包含获利回报,但在很长一段时间内产业学院的工作都是围绕企业师资派遣、学生实习安排和实训基地建设,表面上都是对企业资源的索取利用,企业除了能从校方获得少量的学生实习和师资培训费外,短期内很难有明显收益。二是学生培养效果未达预期。合作时学校通常会美化学生的培养前景,但当前非知名院校的部分专业学生的学习自主性不高,学习态度自由散漫,而企业又无法真正像对待员工一样实施强制化管理手段,对学生培养往往从满怀信心到一段时间后产生失望情绪,但每年还不得不绞尽脑汁安排足够的就业岗位。三是缺乏管理决策权。从目前产业学院的运行治理情况看,许多重要决策往往是校方单方面确定后告知企业,而企业并没有足够权限参与重大事项的讨论;管理制度也大都沿用学校的制度,企业既无权管理校方教师,也无法像企业一样实行严格的绩效问责制度。四是行政事务烦琐。由于产业学院不仅承担内部教学任务,还需要面向学校乃至整个教育系统、行业系统,参与各式各样的会议、交流活动,此外还有来自各级部门的文件及材料要求,对于习惯了强调"时间就是效益"的企业方来说,太多的行政事务会降低业务工作效率,业绩难以直接体现,也导致企业人员不愿深度参与产业学院的工作。

从常规的校企合作来看,其本质还是一种交易关系——学校提供资金,企业提供技术专家授课和学生顶岗实训安排,双方在相互认同的基础上达成直接交易,实现了各取所需的目的,通常不会产生太多矛盾;然而对于要求深层次合作关系下的产业学院来说,校企之间则更体现为一种合伙性质——双方成立了一个需要共同投入、管理、维护的组织,然后通过组织的收益再实现各自的收益。在日益复杂的产业学院发展环境下,作为具有理性索取目标的主体,校企双方难免会在合作治理中显现出主观差异,尤其对于两种具有不同社会属性的主体的初次合伙而言,协同治理更具有挑战性。因此,以合伙关系视阈进行分析,有助于清晰认识当前产业学院校企合作治理中问题的本质;那种"头痛医头脚痛医脚"的治理方式和对问题及矛盾视而不见的态度,都只会让校企之间从经常扯皮发展为不欢而散。

二、合伙关系视阈下的问题分析

合伙关系的基础与根本是合伙主体的共识与共担。共识是指合伙主体具有共同的思想意识,这里主要指的是对于事业的使命、愿景、价值观的认同,所谓道不同不相为谋,有共识才是同道中人;共担则是指对发展责任和经营风险共同担当,合伙主体需要既出资又出力,兑现合伙承诺,履行约定责任,合伙各方一荣俱荣、一损俱损。因此,基于共识与共担的理念,产业学院校企合作治理中问题产生的根源可以归结如下。

(一)合作目标过于理想化

应当承认,大部分职业院校缺乏足够的社会声望,因此,学校在组建产业学院时,会极力寻找行业龙头企业甚至当下最热门的顶尖互联网企业,期望借助合作企业的品牌来提升自身的层次地位,并喊出各种"全国领先"的发展愿景。这种合作说到底就是希望借势借力,以实现"跳龙门"的目的;然而过于理想化的合作目标往往与学校自身的基础条件、能力水平相差甚远。同时,开展职业教育也不可能成为企业的核心重点业务,其往往会被规划为企业的新业务方向或者人力资源部门的业务拓展,在人、财、物投入的量级和优先级方面与企业知名度无法等同,因此理想化的合作目标在产业学院的具体建设过程中往往会发生各种偏差走形,导致校企双方失去合作信心与彼此信任。

(二)对合作伙伴缺乏深层认识

在地位不对等的背景下,产业学院的校企合作普遍都是校方主动找企业要求结缘,并由企业的知名度决定"眼缘"——企业名气越大就越看越顺眼,尤其在功利化的人才就业攀比影响下,校方缺乏对企业进行长期观察及了解就激情结合,走"先结婚后谈恋爱"道路。同时,为了增加谈判筹码,有的院校会夸大自身的条件与能力,给予一些不切实际的承诺以体现合作诚意,甚至还在一开始给予企业如设备采购、软件采购、实习培训等各种经费;而对企业来说,面对如此条件优厚的合作诱惑,前期又不用一次性做大投入,甚至看起来像是无本生意,当然何乐而不为。然而从蜜月期正式进入常态化合作治理之后,双方的权利支配与义务履行就开始不断发生碰撞,一旦理想与现实的矛盾不能解决好,原有的和睦关系就会随之改变。

(三)出资义务与制约机制履行不到位

作为合伙组织形态的产业学院,目前仍未像合伙公司一样要求校企双方必须履行出资义务,其资金投入一般仅在合作条款中体现为预期计划甚至以口头约定,没有规定具体的出资时间与具体金额,现行的法规制度也没有对产业学院出资问题的强制要求。然而产业学院的建设离不开持续的真金白银,一旦校企双方的后续投入不能及时跟上或对资金使用产生分歧,建设项目就无法正常开展,产业学院就会面临停滞乃至停摆的经济风险和法律风险。此外,在产业学院的合作协议及章程中普遍缺乏制约机制,特别是缺乏惩罚性条款,而更多的是体现为激励制度。激励制度固然可以提高双方的工作积极性并在一定程度上引导治理行为,但如果没有匹配对应的约束机制,导致违约或毁约的成本很低,容易引起工作懈怠和推诿责任。

(四)对人力资源管理与业务经营不重视

产业学院教学、科研、实训、招生、品牌建设等各类建设任务的完成离不开一支高质量且稳定的管理、教学和业务团队,但目前产业学院的主要团队成员均由校企双方人员兼任,直接负责对象不是产业学院而是各为其主。尤其对企业来说,临时加班或出差等突发情况是常态,一旦接到企业指令,企业方人员必然会放下产业学院的工作而去服务企业的"主业";同时,企业人员流动性高也导致了产业学院中企业方人员变动频繁,难以深入持续开展工作。此外,产业学院如果一直没有实实在在的经济效益,在没有明显提升收入或仅给予少量补贴的情况下,也无法让高素质人才全情投入,进一步导致了人力资源的困窘。

三、产业学院校企合作治理优化路径

（一）选择适合的合作伙伴

选择合作伙伴是建立合伙组织的第一步。由于当前产业学院校企合作普遍是校方主动找企业,因此,本项研究主要是针对各院校;对企业而言,则是判断双方的合作能否为企业带来合理的经济与社会效益。相关院校应根据所处的区域环境、产业特点及专业发展要求,按照产业学院合作伙伴选择流程（如图1所示）,重点把握好以下几个关键之点。

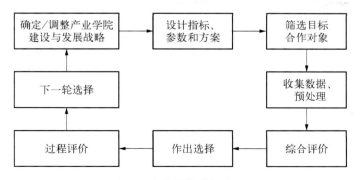

图1　合作伙伴选择流程

首先,将制定产业学院建设与发展1.0版战略规划作为合作伙伴选择工作的第一步。学校在选择合作企业之前需要对产业学院的专业发展、招生就业、师资队伍、实训基地、科研项目、产业合作等方面在哪一年要达到什么具体指标都要有清晰预期,然后设计出校企合作的指标和参数,包括短期与长期的切实可行的建设内容、绩效目标、投入预算、资金来源等。这些指标、参数为产业学院建设启动后校企双方的工作提供了具体目标和步骤指导,比如,是先完善人才培养方案还是先建设实训基地?是先安排学生顶岗实训还是先编写教材?这些涉及人、财、物的投入安排,不预先做规划就可能导致后续一系列合作问题。

其次,要通过收集企业数据进行综合评价,从而确定合作对象。企业数据的收集需要注意以下三个层面:基础层面数据为企业的综合实力,如企业属性、企业规模、主营业务、产业资源、发展计划、人力资源等;中间层数据是对产业学院项目的创业激情与合作意愿,创建产业学院可以被视作一次创业,创业激情能够推动合伙人在进行创业活动时产生积极的情绪以克服创业过程中的各种磨难和考验,同时合作意愿体现了合伙主体间的责任同担与相互包容程度;顶层数据是合作时机,需要了解清楚企业是否将产教融合作为战略发展计划、是否有投资计划、是否已设立校企合作负责团队等,同时其负责人要对产业学院、校企合作有深刻的认识与丰富的经验。

第三,建立校企合作的过程评价机制和调整机制。在合伙制下,组织主体之间产生分歧与意见无法避免,产业学院的校企双方需要定期对工作成效进行检测与协商,以坦诚的交流化解各类显在与潜在的矛盾。一旦发生无法协调解决的原则性分歧,要在不损害产业学院利益特别是所涉学生利益的前提下,校企双方可以达成共识终止合作,并尽快启动新一轮的合作企业选择。在确定延续原合伙状态或者调整至新的合作状态后,产业学院要根据实际情况来调整建设与发展战略,从而进入新一轮建设周期。

(二)打造高水平业务团队

建设一支素质高、业务强、具有创新精神与协作意识的队伍,是产业学院实现既定目标与任务的关键。这支队伍担负着教学科研、规划管理、服务学生、产业融合、人事财务等功能,每一项功能都不可缺失或者存在明显薄弱环节,必须高度重视产业学院队伍建设。

一是要成立专职执行队伍。除了院长或者董事长可以由双方高层兼任以便于调配资源外,产业学院各具体职能岗位需要由专职人员进行负责。学校将某个专业或者专业群注入产业学院后,要将对应的专业负责人及教师、辅导员和行政人员同步调任至产业学院;企业同样需要配置一定数量的专职管理、教学人员,改变产业学院团队全部依靠兼职的现状。同时,产业学院要健全专职执行队伍的组织架构并赋予管理权和经营权,使团队向产业学院负责,缩短常规事项的决策流程。

二是向社会公开招聘优秀人才。产业学院要深耕产业、教育、区域等多领域,实现整体提升与发展,队伍人员仅依靠校企双方输送是远远不够的,特别是在行业关系拓展、品牌打造、效益提升、资源获取等方面,还需要更多的优秀人才加盟。当前,产业学院高校与名企的加持对社会人才具有较高的吸引力,如果能够在薪酬待遇、录用编制等方面有所突破,有助于在关键岗位引入行业知名人才,将对产业学院队伍建设起到极大的推动作用。

三是建立针对性的考核标准。产业学院的定位决定了不能以单一的经济效益作为考核指标,而是要依据产业学院建设目标与发展规划设置考核标准;在人才培养效果方面,要考核培养了多少学生进入行业头部企业工作,以及获得专业领域相关重量级竞赛的奖项数量与质量;在专业建设方面,要考核是否入选省级乃至国家级现代产业学院基地,是否推动专业地位不断提升;在教学能力及科研水平方面,可以对教学大赛、教学团队、精品课程等内容进行考核;在行业影响力方面,可从科技成果转化、行业大型活动参与等方面进行考核。

(三)强化合作规范性

作为合伙型组织,产业学院的发展必须依靠校企紧密合作,实现协同创新。为降低责权不明晰带来的"倦怠风险"、筑牢合作基础,产业学院在创建之初就需要校企双方在以下方面进一步强化合作规范性:

第一,切实履行双方出资义务。我国现行的《公司法》将股东认缴出资作为公司章程应载明事项,在《合伙企业法》中也规定了出资义务是有限合伙人的基本义务,也是对应获得利润分配的依据。虽然目前对于产业学院这种新型合伙组织尚未有明确的出资法律规定,但校企双方协商确定产业学院的股权比例,从而约定对应的出资金额、出资方式及缴付期限,以切实履行出资义务,对保障产业学院的正常运作具有重要意义。在非货币出资方面,学校可以将场地、师资、设备、生源等进行作价,企业也可以将品牌、技术、师资、知识产权等进行作价,但必要的现金出资一定不能缺少,而且基于非货币出资的特点,还需要对验资与评估机构的责任做出更为严格的规定,不能放纵劳务、技术出资的随意作价。

第二,设计合理的退出机制。合伙关系的终止是合伙组织发展的正常规律,既可能是出于合作中不可调和的矛盾,也可能是保障利益回报,或是出于组织战略调整的需要。但对于产业学院来说，既要确保成百上千的学生及其家庭的利益，还要避免国家财政投入遭受损失，因此设计合理的退出机制尤为必要。在设计时，需要注意锁定合伙方的退出期限和履约责任，且在锁定期限内禁止私下转让合伙股权，并明确相应的违约惩罚条款；或者可以在教育主管机构的监管下通过体制机制创新，将组织属性变更为股份制性质，然后通过资产证券化的方式实现某一方的退出。诚然，合伙的初衷不是为了退出，但退出机制的设计不但不会影响校企合作，反而更有利于产业学院的持续稳定发展。

此外，还应不断完善产业学院董事会制度。除了要按照产业学院股权结构确定校企双方董事会人员外，还要适度扩充董事会规模，以非执行董事或独立董事身份吸纳更多元的政府、教育、行业主管单位和知名行业高影响力人员进来，从而群策群力，整合各界资源，在产业学院重大决策上形成集体智慧，提升产业学院的决策科学性和管理效率，最终构建校企主导、政府及社会共同参与的产业学院多元主体治理格局。

（四）提升盈利与专业服务能力

除了依靠校企双方前期投入资金外，产业学院还需要形成"自我造血"和"价值增长"的健康发展态势，一方面要通过提升赢利能力实现较好的经济收入，另一方面要通过提升专业服务能力创造组织价值，努力为校企双方实现良好的投资回报。

在提升赢利能力方面，产业学院需要探索多种赢利模式。通过引入真实项目案例实训以熟悉企业实际生产要求与操作流程，产业学院可以循序渐进地承接企业外包生产项目，由教师指导学生完成生产任务，并按照计件方式与企业进行费用结算。同时，凭借丰富的专业教学资源与优秀的教学团队，产业学院还应当将开展社会培训作为一项重点工作，包括对接人社部门开展各类农民工培训、再就业培训、社区培训等政府财政统筹安排培训项目,也可以针对职业资格技能证书考试、职业专项技能提升等内容开设面向社会的培训班,以形成长期稳定的营收来源。

在提升产业服务能力方面,产业学院可以从提供专业技术研发与测试、应用模式研究、产业数据库建设、行业发展报告研制、行业人力资源服务等方面入手,使产业学院真正深耕产业,形成产业服务平台,为产业链上的企业提供多样化的服务支持,也使产业学院的无形资产不断累积增值,为产业学院引入更多外部资金、进一步做大做强奠定坚实基础。

四、结语

发展产业学院是我国职业教育改革的重要战略,也是产教融合的重要抓手,而保障校企之间有效且深入合作是一切工作的基础。在加速推进产业学院建设的同时,相关参与方要做好冷思考,从合伙关系角度对产业学院这个组织为什么要做、如何做、如何投入、如何面对风险、如何获取收益等问题要有清醒认识,这样产业学院之路才会越走越宽。

(原载《天津职业大学学报》2023 年第 2 期)

基于 TOPSIS 法的产业学院合作企业选择决策研究

——以出版传媒类产业学院为例

加强校企合作、深化产教融合是应用型人才培养改革的必要路径,也是职业教育发展的重要战略,而产业学院模式为职业院校进一步发挥企业教育主体作用,充分结合产业优势、打造特色专业提供了新的载体,各级政府为此配套了一系列国家及区域的优惠政策和激励措施。近几年来,产业学院数量规模迅猛增长,甚至有些学校的一个专业或专业群就建立了多个产业学院。然而在热闹喧嚣成立之后,产业学院还面临着长期的建设发展过程,部分产业学院已经因为校企合作陷入僵局而被搁置一边,处于事实上的解散状态,因此,理清问题的根源与本质并找到有效的解决方法,才能保障产业学院的可持续发展。

一、相关领域研究进展

（一）关于产业学院合作治理问题起因的代表性研究

第一,管理机制僵化。郑玥、瞿才新(2022)通过调研发现,许多产业学院忽视了校企协作配合和良性互动机制的构建,在宣称的混合所有制下没有转变管理模式,未建立现代企业管理制度,导致双主体育人办学效益和育人质量不理想。刘丽霞(2023)指出,不少产业学院在建设管理中权责缺乏明确性,校企双方沿用各自不同的管理模式,缺乏统一的、共同遵守的管理制度,企业与高职院校的融合度仍然有待进一步加强。

第二,利益目标不一致。聂梓欣、石伟平(2021)指出,产业学院的组织战略要满足双重价值取向,其中学校追求人才培养,代表着产业学院具有公益性的人才价值取向;而企业追求经济利益,代表着产业学院具有营利性的资本价值取向,因此产业学院在培养高质量人才之时不可忽视组织的赢利需求。魏红伟等(2022)指出,产业学院是一个由政府、学校、企业共同组成的多元主体治理结构,但由于各主体的目标与理念不同,必然会产生责权与利益的冲突,处理不当就会导致协同耦合作用不明显。

第三,缺乏冲突解决机制。万伟平(2020)指出,产业学院治理过度依赖于契约约束,没有形成系统健全的体制机制来为各主体利益提供制度保障,缺乏刚性约束管理机制,校企之间的矛盾就会时有发生,并影响共同目标的实现。周桂瑾等(2022)指出,产业学院办学主体的多元性要求其内部治理既需要各方友好协商,也需要依靠严谨的管理制度与法律约束作为合作保障机制与冲突解决机制,但由于立法方面缺失,解决混合所有制的产业学院的矛盾与纠纷面临法律地位不明确的困境,很容易出现各种违约问题。

第四,经济效益考量角度的矛盾。高艳等(2021)指出,产业学院缺乏清晰的产权结构以及完全市场化的合作契约,虽然学校通常会站在"价值性立场"上让渡部分利益来提升企业的合作意愿,但企业会觉得对产业学院的投资收益太慢而逐渐失去耐心。朱军、张文忠(2021)指出,从产业学院常规的机构设置与操作方式来看就没有仔细考虑过赢利问题,资金的来源方式一般为前期由双方共同投入，但在后期运行过程中，企业从投资回报角度考量不愿继续投入，产业学院的校企合作治理矛盾逐渐凸显。

（二）关于产业学院合作治理问题解决建议的代表性研究

殷勤、肖伟平（2020）认为，产业学院需在组织结构设置上区别于高校二级学院，亟须通过加强顶层设计，在办学目标和内涵式发展目标方面做出有力回应。顾永惠（2023）提出，产业学院要以组建学院校企理事会的形式，明确自己的法律地位，保障所有权与经营权真正分离；同时还需要建立理事会制度，设立完善的管理机构，以确保各方主体权责清晰。张华（2023）提出，产业学院可设立产教融合发展办公室，聘请专职人员负责办公室的管理运行，全面统筹协调产业学院的日常服务事务；并且产业学院要有独立的运行机制，在教学、科研及经费预算支出等方面独立自主地运行。

（三）研究述评

应当承认，出于"借力"的目的，目前在组建产业学院的时候都是学校主动找行业知名企业谋求"联姻"结合，期望引入合作企业的品牌与资源，从而在专业发展、人才培养、社会影响力等方面实现"跳龙门"。现有相关研究从内外部总结了产业学院校企双方合作中出现问题的起因与对应解决措施，已累积了一定的成果，但仍存在尚待深入探究的拓展空间：第一，从研究角度来看，现有研究多从校企合作建立产业学院之后的视角展开，尚未触及合作本身是否合适这一根源性问题；第二，从研究方法来看，目前的研究集中于对现有组织管理制度的优化探讨，缺乏对不同企业的合作方案做量化优劣比较的测算方法，没有解决学校依靠自身主观喜好和单方面利益诉求作为选择标准的决策方法问题，导致有些合作从一开始就注定了失败的结局。为此，本文提出了一种客观、精准、智能的产业学院校企合作决策方法，丰富了产教融合理论，为保障产业学院的可持续发展提供了新的思路。

二、本文的研究角度与评估关键特征指标的确立

从常规的校企合作模式来看,其本质还是一种交易关系,如企业提供技术专家授课和学生顶岗实训服务,学校则支付企业费用或满足企业的利益要求,经相互认同约定事项条款后交易成立,从合作内容、合作要求到合作收益均具有确定性,双方互不干涉,只需完成自身职责后就实现各取所需。但对于产业学院来说,校企之间的关系性质从合作转化为合伙——双方先建立一个需要共同投入、管理、维护的组织,然后通过组织的收益与增值再实现各自的利益目标。因此,学校对产业学院合作企业的选择不仅需要满足前文已提及的主要合作诉求,同时还必须要符合合伙关系成立的要求,从而谋求最大的建设成效。

合伙关系的基础与根本是合伙主体的共识与共担。共识是指合伙主体具有共同的思想意识,这里主要指对于事业的使命、愿景以及合伙伙伴方的认同,共识度越高则意味着合作面越广、合作包容度越强、合作效能越高;共担则是指合伙主体对发展责任和经营风险共同担当,包括共同投入、兑现承诺、履约责任,一荣俱荣一损俱损,共担度越高则意味着合作深度越深,抗风险能力越强,合作时间也能越持久。

在共识理念下,学校需要评估企业的合作目标契合度。所谓"道不同不相为谋",虽然校企双方的主要合作利益诉求不一致,但企业必须首先要完全认可合作总目标——建设产业学院,包括指导思想、建设理念、建设原则、建设总目标和总任务等,在合作总目标上一般不存在争议;其次是总目标下的子目标与对应的发展规划,学校和企业会从各自不同的出发点提出不同的观点与方案,虽

经双方协商讨论后能调整到基本一致,但学校尤其需要仔细甄别合作企业对这些子目标的真正认可程度,千万不能因为企业说"一切听从学校安排"就认为得到了对方的完全认可。

同时,共识也体现了学校认可企业的合作利益诉求。在企业的主要合作利益诉求中,获取国家鼓励政策的扶持优惠主要依靠企业自身申请,学校仅需做少许配合工作;而定向培养所需人才也是产业学院建设的必然结果,因此该两项无须成为学校认可的重点内容,最关键的是企业对经济收益回报需求的认可,尤其是对短期经济收益回报需求的认可。产业学院的定位决定了其不可能像经营性组织一样将追求经济效益作为最高优先级战略,必须在实现社会效益的前提下兼顾经济效益,所以企业对短期经济收益回报要求越高,合作会越不顺畅。

在共担理念下,企业的资金投入不可或缺。作为合伙组织形态的产业学院,目前仍未像合伙公司一样要求校企双方必须履行出资义务,都是预期计划甚至口头约定,现行的法规制度对产业学院的出资也没有强制性要求。然而产业学院的建设离不开持续的真金白银,一旦发生校企双方的后续投入不能及时跟上,建设项目就无法正常开展,人员激励机制也无法实现,违约甚至毁约的成本很低。因此,校企双方在协商确定产业学院股权比例后需要约定对应的出资金额、出资方式及缴付期限,认真履行出资义务,这对保障产业学院的建设与运行具有重要意义。

人力资源投入也是共担的重要内容。学校将某个专业或者专业群注入产业学院后,对应的专业负责人及教师、辅导员和行政人员会同步调至产业学院,而企业同样亟待打破因人员全部兼职而产生的"在岗不在职"与"缺乏参与感"的循环僵局,尤其要在一些关键管理岗位如院领导、教学组、实训部等配置专职人员并授予对应的岗位管理权,使其全情投入产业学院工作,积极参与产业学院各类事项的讨论决策,理顺产业学院与企业的对接协调,对产业学院和企业双向负责,以充分挖掘企业可用资源,实现产业学院效益最大化。

综上所述,在合作利益诉求和合伙关系要求的共同作用下,学校对产业学院合作企业评估的关键特征指标可提取如下:合作目标契合度、行业影响力、投入人力、出资金额、教学能力、解决就业能力和短期经济收益回报要求。在多指标量化决策分析方法下,可将不同企业的合作方案进行计算,得出客观的优劣比较结果,从而帮助学校提升决策的准确性。

三、基于 TOPSIS 法的合作选择决策分析

(一) TOPSIS 法

TOPSIS(Technique for Order Preference by Similarity to Ideal Solution,逼近理想解排序法)也称优劣解距离法,是由 C. L. Hwang 等学者于 1981 年提出的一种应用于对多指标进行决策分析的经典算法,其基本原理是将各项特征指标转化后形成原始矩阵,经过一系列运算构造两个评价基准——最优方案(正理想值)和最差方案(负理想值),进而将各个方案的值与最优和最差方案进行距离对比,对评价对象进行排序以确定其优劣性,从而在多指标决策问题中做出选择。因此,基于前文已确定的七个评估关键特征指标,本研究适用 TOPSIS 法对产业学院不同的企业合作方案做量化优劣比较计算。

(二) 指标数据分析与结论

(1) 基于已提取出的合作目标契合度(X_1)、行业影响力(X_2)、投入人力(X_3)、出资金额(X_4)、教学能力(X_5)、解决就业能力(X_6)和短期经济收益回报要求(X_7)这七项评估关键特征指标,并以上海某高校出版与传播专业群 2018—2019 年间成立的五

个产业学院企业合作方案(方案一至方案五)作为研究对象。各方案特征指标数据均采集自 2019 年度,其中指标数据 X_4 为企业实际出资金额,其余指标数据为各产业学院教师按百分制评价打分所得,原始数据见表 1:

表 1 原始指标数据

合作方案	X_1	X_2	X_3	X_4	X_5	X_6	X_7
方案一	82	84	76	50	68	12	60
方案二	70	68	62	80	70	5	30
方案三	74	81	66	100	77	10	54
方案四	68	70	72	200	63	15	75
方案五	85	70	87	300	82	30	72

(2)根据对特征指标的正负向效应判断,即在上述各指标中,合作目标契合度、行业影响力、投入人力、出资金额、教学能力、解决就业能力作为最优向量指标,短期经济收益回报要求作为最劣向量指标,并对其进行极差标准化处理,结果见表 2。

表 2 指标标准化结果

合作方案	X_1	X_2	X_3	X_4	X_5	X_6	X_7
方案一	0.824	1.000	0.560	0.000	0.263	0.280	0.333
方案二	0.118	0.000	0.000	0.120	0.368	0.000	1.000
方案三	0.353	0.813	0.160	0.200	0.737	0.200	0.467

续表

合作方案	X_1	X_2	X_3	X_4	X_5	X_6	X_7
方案四	0.000	0.125	0.400	0.600	0.000	0.400	0.000
方案五	1.000	0.125	1.000	1.000	1.000	1.000	0.067

（3）利用熵权法计算合作目标契合度、行业影响力、投入人力、出资金额、教学能力、解决就业能力和短期经济收益回报要求的权重结果（表3），结果显示，行业影响力这一指标的权重最高（17.486%），其次为短期经济收益回报要求（15.908%）和出资金额（15.764%），这三项指标权重值均超15%。教学能力的权重系数相对较小，为11.048%。

表3 指标权重

指　　标	权重系数 w/%
合作目标契合度（X_1）	13.928
行业影响力（X_2）	17.486
投入人力（X_3）	12.478
出资金额（X_4）	15.764
教学能力（X_5）	11.048
解决就业能力（X_6）	13.389
短期经济收益回报要求（X_7）	15.908

（4）计算确定指标的正理想解 $A+$ 和负理想解 $A-$，各个指标的正理想解与负理想解的结果如表4所示。指标中正理想解的

最高值体现于出资金额,数值为 233.236,最低值体现于解决就业能力,数值为 24.105;指标中负理想解的最高值体现为行业影响力,数值为 27.177,而解决就业能力的该项指标体现为较低值。

表 4　指标的正、负理想解

指　　标	正理想解 $A+$	负理想解 $A-$
合作目标契合度(X_1)	42.464	27.177
行业影响力(X_2)	42.137	27.613
投入人力(X_3)	46.296	23.512
出资金额(X_4)	233.236	6.479
教学能力(X_5)	41.584	24.546
解决就业能力(X_6)	24.105	0.670
短期经济收益回报要求(X_7)	41.667	6.667

(5)计算合作方案距正理想方案和负理想方案的距离,结果见表 5。合作方案中距正理想解的最高值体现于方案一,数值为 90.725,最低值体现于方案五,数值为 5.539;合作方案中距负理想解的最高值体现于方案五,数值为 92.028,最低值体现于方案二,数值为 4.487。

表 5　合作方案距正、负理想解距离

合作方案	正理想解距离 $D+$	负理想解距离 $D-$
方案一	90.725	11.930
方案二	88.370	4.487

续　表

合作方案	正理想解距离 $D+$	负理想解距离 $D-$
方案三	83.476	11.828
方案四	53.015	41.187
方案五	5.539	92.028

（6）根据正理想解距离 $D+$ 和负理想解距离 $D-$ 两项指标结果，计算得出合作方案贴近度并进行排序，结果为方案五＞方案四＞方案三＞方案一＞方案二，如表6所示。

表6　合作方案贴近度与排序

合作方案	贴进度 C	排　　序
方案一	0.116	4
方案二	0.048	5
方案三	0.124	3
方案四	0.437	2
方案五	0.943	1

综上，本部分在考虑对合作目标契合度、行业影响力、投入人力、出资金额、教学能力、解决就业能力和短期经济收益回报要求等七项指标的基础上，构建了五种方案，基于 TOPSIS 法构建了方案评价体系并进行测算，主要结论体现于两方面：一是在评估指标体系中对评估结果贡献最大的指标为行业影响力，教学能力则贡献较小；二是各合作方案间贴近度存在一定差异，具体表现为：方案五＞

方案四＞方案三＞方案一＞方案二，即合作方案五为最优方案。

（三）结论验证

针对上述五个出版传媒类产业学院2020—2022实际建设成效的主要指标数据（表7），先采用熵权法对所有成效指标数据进行标准化处理，结果见表8：

表7 2020—2022实际建设成效主要指标数据

一级指标	二级指标	方案一	方案二	方案三	方案四	方案五
学生发展	H_1：省部级以上竞赛获奖数（项）	28	17	32	27	34
	H_2：平均就业率（%）	88.3	86.8	95.1	96.2	94.4
教学科研	H_3：国家级教学成果奖（项）	0	0	0	0	1
	H_4：省部级以上教学成果奖（项）	1	0	0	1	1
	H_5：省部级以上教学竞赛获奖数（项）	3	2	5	5	7
	H_6：教材出版数（本/套）	2	2	3	4	5
	H_7：论文发表数（篇）	55	44	41	50	58
	H_8：省部级以上纵向项目数（项）	2	1	2	2	2
行业服务	H_9：行业标准制定数（项）	1	0	2	1	1
	H_{10}：企业横向项目经费（万元）	270	248	288	253	256

表 8　指标标准化结果

合作方案	H_1	H_2	H_3	H_4	H_5	H_6	H_7	H_8	H_9	H_{10}
方案一	0.647	0.160	0.000	1.000	0.200	0.000	0.824	1.000	0.500	0.550
方案二	0.000	0.000	0.000	0.000	0.000	0.000	0.176	0.000	0.000	0.000
方案三	0.882	0.883	0.000	0.000	0.600	0.333	0.000	1.000	1.000	1.000
方案四	0.588	1.000	0.000	1.000	0.600	0.667	0.529	1.000	0.500	0.125
方案五	1.000	0.809	1.000	1.000	1.000	1.000	1.000	1.000	0.500	0.200

进一步得出权重结果,结果见表 9：

表 9　指标权重

指　　标	权重系数 $w/\%$
省部级以上竞赛获奖数(H_1)	11.835
平均就业率(H_2)	9.941
国家级教学成果奖(H_3)	6.421
省部级以上教学成果奖(H_4)	10.787
省部级以上教学竞赛获奖数(H_5)	10.070
教材出版数(H_6)	9.255
论文发表数(H_7)	11.367
省部级以上纵向项目数(H_8)	10.552

续 表

指　　标	权重系数 $w/\%$
行业标准制定数(H_9)	10.258
企业横向项目经费(H_{10})	9.515

最后,得出各合作方案的综合得分及排序,结果见表10：

表10　综合得分及排序

合作方案	综合得分	排　　序
方案一	0.523	4
方案二	0.020	5
方案三	0.587	3
方案四	0.628	2
方案五	0.854	1

验证结果与前文测算结果完全一致,证明了将TOPSIS法应用于产业学院合作企业选择决策是合理正确的,且在技术操作上便捷易行。

四、研究总结

本研究在合伙关系视角下,提取了产业学院合作企业评估关键特征指标,进而基于TOPSIS法计算得出各企业合作方案优劣比较结果,并以出版传媒类产业学院建设方案与实际建设成效进行了结论验证,对多指标作用下职业院校的产业学院合作企业选择提出了一种新的量化决策方法,为实现校企合作治理可持续发展打下了良好的基础,具有较高的应用价值和实践意义。

(原载《科技和产业》2023 年第 24 期)

敏捷理念下的职业技能
教学模式创新探究

不同于普通高等教育,职业教育培养的是面向一线岗位或岗位群的技术技能型人才,尤其强调和注重职业技能与职业素养的养成与培育。2019年,国务院印发《国家职业教育改革实施方案》,要求职业院校以"三教"改革积极探索符合职业技能学习规律的人才培养方法;2020年,我国第二批《高等职业学校专业教学标准》修制订工作完成,在理清各专业技能知识最新的培养目标基础上,按照岗位需求及能力导向对课程设置、实习实训安排、教学条件、师资构成等进行一体化设计,规定了"实践性教学学时原则上不少于总学时的50%"的理论学习与实训学习并重型教学机制,鼓励校企合作优化和创新人才培养模式与方法,提升职业人才培养效能。

一、当下的问题

目前,职业院校纷纷紧密结合行业推动产教融合,以订单班、产业学院、现代师徒制、校中厂等培养模式实现校企联合办学,并提升企业专家授课与实践实训教学的课时比重,以期提升职业技能教学能力。然而在实际教学过程中,还存在以下问题有待解决:

首先,学生学情基础薄弱,先理论后实训教学下的学习效果不理想。虽然《国家职业教育改革实施方案》提出"职业教育与普通教育是两种不同教育类型,具有同等重要地位",然而当下职业院校的生源通常为来自普通教育轨道下学习成绩较差的学生仍是不争的事实,普遍呈现学习能力不强且缺乏良好的学习习惯。目前,部分专业课程虽然已经由校企合作联合授课,但普遍遵循的仍是先行16周的理论学习,然后再进行短期实训学习。在这种先理论后实训的传统教学安排下,学生往往会因为前期理论知识学习困难而逐渐失去学习兴趣甚至放弃学习,直接影响了后续对应的实训学习效果,甚至无法通过实训学习考核。

其次,互联网时代的岗位变化日新月异,职业技能教学方法创新不足。随着各行各业的数字化转型升级,各职业之间的边界被打破,许多岗位的技能内涵发生了变化,且各技能之间的交叉部分越来越多并且不断整合,这种变化显然需要不断拓展技能知识的广度以适应新要求。当前,职业院校依托产教融合,正在逐步开发活页式教材、增加企业专家授课量等举措以提升教学能力,然而相对于"教材"与"教师"两个维度的着力推进,"三教"改革中的教学方法基本都围绕在翻转课堂、慕课教学等通用授课方式层面,针对职业技能教学的创新方法尚缺乏成型模式。

此外,职业技能课程重知识体系轻实践应用,实训内容未紧扣知识点。我国职业教育发展之初,专业设置、课程规划等均来源于普通高等教育相关标准,多数职业技能课程至今沿用的仍是高等教育的学科知识体系,只注重学科内容的完整性及连贯性,教学内容脱离技术技能的熟练应用,缺乏实践性,不注重职业教育的职业性、实用性等特征,未将教学内容与岗位工作实际紧密结合。在职业技能实训课程的教学内容安排上,往往不能紧扣知识点进行匹配训练,或者仅仅蜻蜓点水,使得实训效果大打折扣,对技能未有实质性提高,甚至有的实训让学生从事与技能训练无关的打杂工作,根本无法提高学生的专业技能。

因此,职业技能教学需要进一步从以课堂为中心转变为以岗位要求为中心,按照做中学、学中做、边学边做、边做边学的职业技能学习规律,通过对岗位技能的持续训练与提升,创新教学方法,加强学生的岗位适应力和工作应变能力,充分发挥产教融合的优势,有效实现学生职业技能及职业素养的培养目标。

二、敏捷理念下的职业技能教学模式创新

敏捷理念起源于20世纪90年代,最初应用在软件开发项目管理中,并形成了敏捷开发(Agile Scrum)模式,目的是为了避免传统瀑布式开发模式下因需求不断变化导致软件开发过程长、成本高,无法及时修改调整的问题。在敏捷开发模式下,开发团队不追求前期规划的完整性及完美性,而是迅速完成软件项目并发布应用,随后通过收集用户反馈,不断迭代更新软件,创造出更符合用户实际需求的完美产品(图1)。敏捷开发侧重于实施,而非侧重于项目的计划和控制,强调把握重点迅速见效,然后不断进行优化调整,如手机上的微信应用,经过20多次的迭代,目前已经更新到8.0的版本。

21世纪以来,敏捷理念不断扩展至其他领域;近年来在教育领域,敏捷教学(Agile Education)也开始受到研究关注,以期用高灵活性和动态适应性打破传统的教学新模式。从本质上言,传统教学模式也是一种瀑布式的项目管理与实施,教研部门先制订授课计划,教师依照授课计划按线性顺序完成教学任务,课程教授内容从第一周到最后一周均不相同且环环相扣,最后再实现完整理论的实践应用。而在敏捷理念下,课程教学将课程学习过程拆分

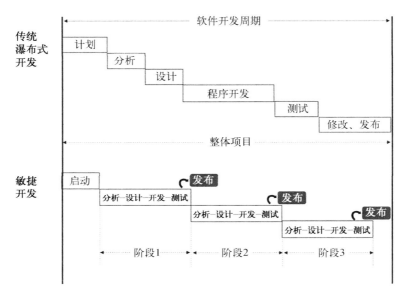

图 1　软件的瀑布式开发模式与敏捷开发模式

为多个学习阶段,并基于短周期教学实现对阶段性知识的快速掌握,然后再根据学习情况反馈,调整下一个学习阶段的学习内容,不断深化及拓展知识的深度和广度,最终因人而异地实现对职业技能的掌握。与传统教学模式相比,敏捷教学模式在教学管理上体现出显著差异(表1)。

表 1　两种教学模式在教学管理上的对比

教学管理	传统教学模式	敏捷教学模式
计划	按课程体系周密安排规划教学进度	按学习阶段设置教学方案与课程内容
组织	一门课程由一位教师负责	组建项目型、矩阵型教学团队

续 表

教学管理	传统教学模式	敏捷教学模式
执行	先理论后操作的线性教学进程	做中学,学中做,边学边做,边做边学
协调	依照学校师资与实训基地资源调配	校企协同下的动态管理
控制	复杂漫长的教学流程变更控制	按学习效果及时调整变更下阶段的学习内容

理论构建需要由依据、方法、逻辑、推理、论证等组成完整体系,因此针对学术型人才培养,适用传统教学模式;而职业技能则是来源于岗位工作知识与经验积累,从而决定了职业教育从一开始即是以学徒制形式存在,并且以职业技能的反复训练作为学习方法。因此,职业技能类课程适用以敏捷理念指导阶段性学习任务的确立,进而拆分学习阶段。以数字出版专业的photoshop课程为例,常规的课程学习首先要求学生先掌握构图、色彩、光线与图层基本原理,然后学习数码修片技术,最后学习图片创意方法,从而培养符合广告设计、数字出版以及商业摄影相关工作的图片处理专业能力;而在敏捷理念下,该课程的教学任务可以按如下步骤进行拆分:

第一步,从学生角度编写课程的用户故事。学生在学习本课程前都抱有"如何把照片处理得更好看"的强烈期待,如果能从课程一开始就能够触碰到其期待,将极大提升学生的学习兴趣,这就需要编写课程的用户故事。用户故事一般可以"当……的时候我想……"为格式,如用户故事可以编写为"当背景中出现无关人群的时候我想去除掉这些人的画面",也可以编写为"当背景中有天空时候我想把天的颜色变成深蓝色",等等。用户故事编写要从学生角度出发,并充分尊重其想法,每一个合理的学生故事都体现了教学价值点。需要注意的是,在编写用户故事时要关注教学价值点而不是对教学目标的想法,即不能出现类似"学会使用橡皮擦功能去除不相关背景"之类的描述。

第二步,梳理合理的用户故事,设定对应教学目标。不是每一个用户故事都需要被满足,从专业角度来说,"当图片的光线很暗时我想把图片调得清晰"依靠 photoshop 是无法实现的,因此这就是个不合理的故事。而"当背景中出现无关人群的时候我想去除掉这些人的画面"这个用户故事的对应教学目标则可设定为"学会使用橡皮擦功能去除不相关背景"。同时,许多用户故事往往对应同一个教学目标,比如"去除掉背景中的人"和"去除掉背景中的东西"就是对应的同一个教学目标。

第三步,以教学目标设置教学任务并组织教学内容。在设置教学任务时,要体现"必要且最少"的原则,比如在对应"学会使用橡皮擦功能去除不相关背景"设置教学任务时,就可以把颜色设置、标尺网格和参考线设置这些基础理论内容给剥离掉。在传统职业课程教学中,教师往往会先将全部知识点铺开教完,然后再由面到点挨个讲述各功能项;但在敏捷教学理念下,教师要对每一个教学目标进行深度思考,组织精炼的教学内容并让学生反复进行各类训练,从而最有效地达到教学目标。

这种由点及面完成整体课程教学,甚至也可以只是部分完成课程内容而实现对技能掌握的教学创新,则更加体现了职业教育的本质特性,更适合高职学生提升学习效能。

第一,有助于学生学习目标的达成。职业技能的学习并非是像普通教育那样一头扎进纸海关起门来长时间读书。通过敏捷教学模式，教师按照技能要求设定阶段性学习目标，以工学结合让学生对技能项目进行初加工、再加工、深加工、精加工的递进式训练，规划多种特色鲜明、形式多样的专项技能项目以保持学生的学习兴趣，逐步达到对职业技能的熟练掌握。同时，鼓励学生不断总结学习过程中涌现出来的好方法、新思路，并对学习中遇到的难点进行集体讨论，实现教学相长、互相促进，创造良好的学习氛围。

第二，有助于提升学生的学习自主性。敏捷教学模式下的学习内容聚焦性强、形式多元，与职业技能的应用需求不谋而合，存在密切的结合点。教师通过不断调整阶段性任务，引导学生通过思考、讨论、查询、探索，发挥学生的主观能动性以完成任务，让学生将更多的精力投入技能的学习。其次，教师在实施教学时要注意内容突出，有效吸引学生的注意力，从而让学生在专注力最强的时间段完成对重点、难点知识的学习。同时，学习项目可以上传到共享空间，便于学生开展课前、课后的预习、复习，进一步提高学生的自主学习能力。

第三，有助于培养学生的创新性。重复是创新的基础，创新不是凭空想象的标新立异，而是深思熟虑后的必然结果。以往的职业技能教学往往局限于教材，学生缺乏足够的练习机会，导致在学习中创新思维和创新灵感相对不足。而职业技能敏捷教学实现了教学形式与内容的多元和丰富，让学生通过反复训练，不断温故知新，从而知晓在何处创新、如何去创新，并且学会搜集运用更多新颖的素材与方法以激发新的想法与创意，进而开阔眼界、拓展思维，为今后在职业发展中实现技术创新、商业创新打下坚实的基础。

第四，有助于学生的个性化发展。职业教育要为行业发展培养多样化的技术技能人才，因此职业技能的学习目标并非千篇一律，而是需要针对每一个学生，发现能够适应其个体发展的方向并形成技术专长，不能仅仅笼统要求通过期末考试就算掌握了技能。敏捷教学下通过系统记录学生职业技能学习的全过程及各阶段成绩，可以清楚展示每一个学生的特长以及弱项，不仅使教师能够针对学生薄弱环节进行精准调节，而且为学生未来的发展规划提供了参考依据，有利于充分发挥每一位学生的长处与优势，从而打造优秀职业人才。

三、职业技能敏捷教学模式的实施路径

（一）校企联合组建敏捷教学团队

职业技能培养总目标提出以后，校企联合组建敏捷教学团队共同完成教学任务，在"校企双导师"负责下强化技术应用能力培养，推动理论与实训学习的有机融合，达到企业岗位实际工作对职业技能掌握的要求。课程负责人明确和制订整体教学阶段性目标，并带领教学团队成员一起推动教学项目的设计与开展。在教学培养过程中，敏捷教学团队通过并行工作，持续更新教学内容与教学任务。同时，随着教学的深入与新项目的引入，教学团队对专业技能的探索不断加深，教学方法不断优化，设计更符合市场实际需求的教学方案。敏捷教学团队作为一个整体，团队各成员不仅需要专业能力过硬，同时还要具备合作沟通能力，以及一定的自我组织和管理能力，能共同面对教学任务并对效果负责。

在师资力量有限的情况下，敏捷教学团队的组建需要充分开发行业专家资源。可以邀请多位企业、行业专家加入教学团队，实行动态管理。教学团队中的每一位教师都要参与教学规划，从教学实施开始就清晰团队整体工作内容及各自的职责。团队成员要利用各做职能移动办公系统如 CRP、钉钉、微信工作群等打造教

学管理"神经系统",通过统一的管理平台,使团队的沟通与协作延伸到学校办公室以外,有利于学校教师与相关外聘行业专家教师按计划参与及分配阶段性教学工作,解决教学团队的成员管理、移动办公以及协作教学等问题。

(二)基于职业能技层次重组教学计划

针对职业能技对应的真实业务项目技术要求,授课过程可以模仿职业技能的"初级、中级、高级、技师、高级技师"的划分认定,将职业技能学习标准设定为"一级、二级、三级……n级"的多级层次,实现各层次的逐级学习,从而按照学、做交替的方式进行教学计划的重新设计与组织,并由教学团队共同完成实施。教师根据阶段性教学目标,对学生进行必要的对应技能知识教学,并指导学生完成对应项目,直到胜任前一层次能力的项目训练后,方可进入后一个层次学习。

学生的情况千差万别,其个体需求也各不相同,如有的学生学习能力较强,或对本门课程感兴趣,因此希望能学得更多、更快;而有的学生知识及技能掌握较差,需要加以补充学习与练习。针对这种情况,可通过教学资源库建设,让学生利用课余时间以非正式上课形式,自行开展学习锻炼。教学资源库建设中内容需要包括教学素材资源库、仿真项目实训资源库、职业信息资源库、行业专家信息库等项目,并不断更新完善,便于学生自主获取所需技能的相关知识与信息,从以"教"为主转换到以"学"为主,促进学生养成自主学习与终身学习能力。

(三)优化资源配置,激发协同效应

当前,资源共享、协作创新不仅成为推动社会与经济发展的必然趋势,也是促进职业技能敏捷教学的重要途径。在产教深度融合的职业教育发展战略下,校企双方通过优势资源重点利用、短缺资源互补互助，实现职业技能教学内容创新，推动职业人才培养转向高质量发展轨道。高职院校和合作企业在职业技能教学过程中，要将学生直接安排至企业生产一线，利用企业实际的生产环境和生产设备，进行真实项目的实训教学；而在理论内容学习阶段，要充分利用学校校舍设施、教学系统、图书资源等物资条件，从而极大提升职业技能学习所需的软硬件条件，实现校企优势资源的共享。

除了看得见的资源，校企双方所拥有的无形资源虽然不能以具体指标量化出来，但对学生职业技能的培养却具有重要的附加价值作用。对于高职院校来说，无形资源主要包括学科体系、政府关系、学校美誉度等；对于合作企业来说，无形资源主要包括企业品牌、企业文化、行业资质等。在校企联合实施敏捷教学时，要设法将这些无形资源注入教学过程，能够让学生在技术操作之外还对职业技能具有更深刻的理解。在这些优质无形资源加持下的职业技能敏捷教学，不仅能够提升学生对技术技能掌握的质量，同时还有利于学生职业综合素养的培养。

（四）建立测评系统，保障教学实施

敏捷反馈保障敏捷教学的有效实施。必须准确了解学生学习状况，建立职业技能测评系统。当课程完成某一阶段的学习后，教师需要及时对学生进行测试评估，精准分析教学过程中学生的能力状况，为下一阶段的教学安排提供决策支撑。学生的职业技能评测体系主要包括专业知识测评、技能操作测评、项目应用测评三个部分，专业知识测评采取题库测试并以统计成绩数据的方式进行；技能操作测评采用现场操作测试及教师评价的方式进行；项目应用测评则考查学生在实际项目操作中的技术应用能力，以由企业专家打分的方式进行。

如果学生的评测分数不能达到最低合格线,学生的学习难度将停留在当前层级阶段,并由当下的教师继续指导其进行改善和提高,而不是任其得过且过、滥竽充数进入更深层次的学习。同时,职业技能评测系统的建立也为学生明晰发展方向与就业选择提供指导建议,包括胜任能力分析、岗位建议、行业建议等。在建设评估系统时,除对接学校 CRP 系统中的学生数据外,还需要对接课程教学资源库和对应的教学管理平台,支持系统在使用过程中,根据测评结果智能分配学生的对应学习任务,并提醒教师关注及安排针对性的教学工作。

四、结论

在职业教育产教融合深入开展、人才培养要求不断提升的时代背景下,职业技能敏捷教学模式能够有效针对职业院校学生的学情基础,遵循职业技能的学习规律,充分利用校企各方优势资源提升教学效果,使职业人才的培养更加契合产业发展需求,从而丰富了产教融合的内涵,为推动我国高素质高技能人才培养战略目标的实现提供了新的思路。

(原载《职教论坛》2021 年第 8 期)

基于能力层次结构理论的职业教育中高本贯通教学衔接探究

一、引言

"中高本贯通"是中职、高职及职业本科教育三个教育层次的连贯衔接,旨在实现职业人才培养便捷、平顺升级,是我国职业教育正在探索的一种新型人才培养模式。2014 年,《国务院关于加快发展现代职业教育的决定》中提出"将中职、高职、本科教育课程体系衔接、产教融合作为现代职业教育改革实践的重点工作。"2019 年 12 月,上海市政府办公厅印发《上海职业教育高质量发展行动计划(2019—2022 年)》,明确要求"使贯通培养成为上海职业教育人才培养的主要模式与方向,到 2022 年,建成 80 个中本贯通专业点、250 个中高贯通专业点、20 个高本贯通专业点和 10 所左右新型(五年一贯制)职业院校"的发展规划,进一步体现了贯通培养在职业教育中的重要地位,对我国职业人才培养与发展有着重要的意义。

中高本贯通不仅仅是职业院校之间的专业对接与学历提升,其实质是与工作岗位需求对应的学生专业能力的提升衔接,各职业院校应该准确定位贯通人才各阶段培养目标并做好针对性的教学设计,从而提升教学质量、深化教育改革。

二、现状与问题

作为直接从事贯通教研规划的负责成员及高职专业教学标准制订专家组成员,笔者基于实际教学安排情况与高职专业教学标准制订调研工作,综合近年的各类研究,将当前中高本贯通衔接中存在的主要问题归纳如下。

一是衔接学生的学习基础与学习能力较弱,不适用统一化教学。从生源特征来看,贯通专业招生的学生衔接比例基本为一比一对应,专业针对性更强,但不少学生的学情基础相对而言略差。在教学中发现,不论是中高贯通还是高本贯通,贯通衔接学生与直接录取的学生合并一起按同样的培养方案教学时,相当部分贯通衔接学生在学习能力上存在一定差距;二是在人才培养方案制订上没有明确区分衔接模式与非衔接模式,教学安排雷同。贯通各院校间虽然也互通学生培养方案,然而各院校多数都采用与非贯通学生同样的教学方法,在课程设置、教学内容与教学方法上区别不大。同时,在同专业实训教学中的层次区别不明显,针对职业岗位能力逐级提升的教学规划能力还有待提高。三是面对贯通培养要求的教学前移,学校在师资力量上配备不足。各级职业院校的定位确定了其匹配师资的数量与能力,对于高一层级培养要求对应的教学任务,不少学校受编制、经费与名气所限,无法引进有相关资质水平的老师,在教学工作能力上无法胜任;四是在贯通培养教学过程中没有突出各级职业教育的特点,贯通人才优势体现不明显。贯通衔接学生前期已进行的生产实习在衔接后被取消,已学习到的实际操作能力与操作经验逐渐淡忘,先发优势无法体现,并且在与直接录取的学生共同培养时由于部分基础课程的缺失而更凸显了技术技能的差距。

因此，当下贯通衔接培养往往呈现出一种简单的"叠加"结构形式，既存在院校课程设置重复、教学质量不高，又存在学生职业经验断档不能持续提升的现象，没有形成层次性、科学性的整体培养体系规划。为此，清晰界定职业教育中高本各层次人才培养规格间的差异，继而准确制订各级职业人才培养计划及教学方案，是中高本贯通教育改革的迫切任务。

三、基于能力结构层次结构理论的中高本能力范畴界定

目前，对中高本人才培养目标是以职业能力层级进行划分，普遍的共识观点是中职培养技能型人才，高职培养技术型人才，本科重点培养应用型人才。然而如果从实际工作岗位胜任能力来看，三类人才在划分上缺乏明确区分标准，如果从从事技术工作的熟练程度区分，高职学生也未必高于中职学生，因此，准确划分中高本三类人才的能力范畴是贯通教学衔接规划的难点，也是关键点，需要突破表象向深层实质进行分析理解。

能力是完成目标或者任务所需要的综合素质，能力的结构因素分析是现代心理学中的重要研究方向，对于深入理解能力的本质、合理设计和进行能力测量、科学地拟订能力培养的原则，具有重要的意义。20世纪60年代，英国心理学家阜南（P. E. Vernon）在斯皮尔曼（C. Spearman）的"能力二因素说"基础上提出了能力层次结构理论，认为能力是按等级层次组织起来的具有多种成分的复杂结构，并且每一个能力层次都由下一个层次的数量与质量决定。位于结构第一层次也是最高层级的是一般因素，相当于斯皮尔曼的G因素，是每一种活动都需要的并判定一个人"聪明"或"愚笨"的决定因素；位于结构第二层次的是"操作-机械能力"和

"言语-教育能力"对应两个大因素群；结构的第三层次是小因素群,把"操作-机械能力"和"言语-教育能力"又细分为各类能力群；结构第四层是底层,聚集了与各具体能力对应的特殊因素,特殊因素相当于斯皮尔曼的S因素,负责完成对应的能力活动并起到决定作用。阜南能力层次结构模型如下：

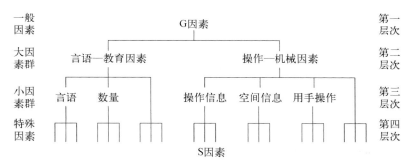

图 1　阜南能力层次结构模型

从能力层次结构模型可知,各级人才的能力差异主要体现在两点：一是随着接受的知识逐渐增多,知识结构越来越复杂,综合能力也越来越强；二是能力的提升顺序是从下往上进行,底层因素对应的知识能力掌握越多越细,上层的综合能力表现为越来越强。对技能型人才来说,目前实践能力培养是中等职业教育教学工作的核心重点工作,强调具有"操作-机械"能力；然而其实质仍然是通过第四层级上的特定能力开始培养,从而形成第三层级能力,并进而形成第二层次"操作-机械"能力。因此,中等职业教育强调由注重理论知识的学习转变为注重动手能力的培养,从加强实践性教学做起,使学生在实践中掌握知识,在实践中提高素质,在实践中培养能力；对技术型人才来说,要求第二层次"言语-教育"能力的建立与第三层次能力的丰富,高职教育能力培养并不只是学科知识的应用能力，而是针对特定职业岗位或岗位群的核心技能，适应多种职业和职业岗位转换的需要，也是高职学生可持续发展和终身发展的要求。具体来说，技术型人才比技能型人才增加了语言表达能力、文字书写能力、自我认识能力、信息处理能力、分析理解能力、调查研究能力、推广应用能力、排疑解难能力、技术革新能力、组织管理能力、职业规划能力等相关要求；应用型人才则是第三层次能力扩展及在第四层次进行细化深入，从而使人才整体能力比技术型人才更上一个层次。应用型人才是行业的"师"字号高级专门人才，如工程师、会记师、律师等，其专业口径较宽，适应面较广，理论水平较实，创新能力较强。因而，应用型人才培养不能简单套用学术型本科人才培养模式，对其能力的评价不仅是掌握学科理论知识，更注重所学知识的应用理解能力、设计策划能力以及合作创新能力等。

职业能力范畴界定不仅清晰地区分了各级职业人才培养的目标，也是职业教育贯通培养发展的核心问题，只有明确各级职业人才的能力与对应知识的具体要求，才能制订有效的教学计划并合理安排教学内容。作为一种新的职业教育形态，中高本贯通从体系上改变了传统的职业人才培养模式，把握快速发展机遇并推动高质量发展，需要各级职业院校积极探索培养策略，进一步提升教学能力，适应贯通培养的新要求。

四、贯通培养衔接的教学优化策略与方法

人才培养的基点是教学，按照职业能力的培养规律，中高本各级教育要贯彻循序渐进的教学原则，对学生专业能力进行训练与提升，最终满足对口工作岗位的能力要求。贯通培养衔接的教学优化可以从以下方面进行。

（一）师资互通的有效实施——动态管理、协同创新

中高职贯通人才培养对教学统筹设计安排有着迫切的需要，贯通院校教师必须充分了解相互的人才状况、培养要求与教学计划，任何一方都不能孤立负责其对应层次的人才培养的全部工作，必须由各贯通院校师资互通、协同实施。通过师资互通，各院校的培养任务得以更清晰划分，教育资源得到共同开发与利用，并能解决职业院校普遍存在的师资薄弱问题。而为更有效地实现师资互通，贯通院校需要从管理方法上进行突破。

动态管理被广泛应用于科技型企业的组织管理中，通过对组织内部人力资源的科学调配以满足不断发生改变的岗位需求，并作为骨干人员学习和激励的手段。在贯通院校职业教师队伍建设管理中引入这一模式，目的是使现有教师数量与质量最大程度地匹配各级人才培养需求，并解决职业院校师资不平衡与教学要求动态发展的矛盾，最终实现整体教学质量的提升。各贯通院校应在对专业人才职业发展达成统一规划的前提下，共同打造一个适应贯通培养的师资管理平台，使高层级院校教师可以直接参与低层级院校的课程教学，成为弥补后者师资缺乏的重要途径；而部分低层级院校中具备较强实践能力及教学技能的教师可以参与到高层级院校进行实训教学，也有利于该层级学生的技术应用能力培养。同时，参与贯通教学的教师们处于更加广阔的环境，能在不同层次的教学主体中得到锻炼，取长补短，教学能力也由此得以提升。

此外，基于资源共享理念发展而来的协同创新，是对参与协同的各主体进行系统优化、合作创新的过程，帮助组织进行多元化的资源交流，为发展创新提供必要的资源保障。在知识共享互惠方面，贯通院校的教师和合作企业教师互为知识的提供者和接受者，

各方在教学与生产情境中,通过观察学习、项目合作、岗位流动、技术革新与推广等各种途径获得各自所需要的知识,并进行加工、整理、创新和应用。通过共同开展教学教研、参与企业项目与技术革新等活动,将活动中获取的知识与经验用以指导自身的实践行为,或者经由实践活动得出经验,内化为隐性知识,有利于低层级院校教师拓展理论视野及深度,并提升教师的科研能力。在资源优化配置方面,贯通院校间教师通过协同对实习实训基地、实验室、实习项目进行优化利用,提升院校间资源投入产出的综合成效,达到各方优势资源的合理流动并实现配置优化,既避免投入不足,又避免资源浪费。

(二)课程体系的科学规划——准确定位、由浅入深

在课程体系规划方面,各职业院校需要对应人才层次的培养目标与要求,设计合理的课程结构并保持教材的准确选用。除公共基础课程外,在贯通专业课程体系衔接规划上,要体现课程的层次性与连贯性,不重复开设同一课程。对需要深化的学习内容,要将能力要求及学情基础结合,准确定位课程内容,并有机扩展新的专业课程,从而在课程设计与相应教材上体现出层次的差别性与衔接的科学性。

从中职课程体系来说,要适应中职学生较弱的学情基础,重点训练学生的技术操作和应用能力,考证以操作工为主。因此,中职的专业基础课设置以基本的知识、技术和方法为主,在专业核心课程上强化技术操作方法与规范,尽量不开设理论分析、计算推理、逻辑思维类型的课程;对高职课程体系而言,需要在延续中职课程基础上,重点对学生的技术应用能力和技术学习能力进行训练提升,考证以高级操作或技师为主。高职课程的专业基础课需要对于专业知识和技术方法有一定深度的理解及掌

握,增加专业技术应用、计算机应用等方面课程,专业核心课程需要强化各类技术的应用,尤其要针对不断出现的新技术、新产品及时调整课程模块;应用型本科课程的设置重点在于加强知识理解与应用创新,考证主要针对各"师"字号职业资格证。因而,在高职课程基础上,应用型本科的专业基础课应增加学科技术通论、大数据技术、项目管理等课程,在专业核心课程方面应包含专业技术理论、技术应用、技术实验等课程,理论结合实践,强调创新思维。

围绕课程规划,贯通院校除按专业培养计划选用国家规划统一课程教材外,还应针对专业特色,与行业先进企业共同打造系列化专业核心课程及网络精品课程教材,并在贯通专业共享学习,形成由浅入深、层级连续的独特专业课程优势。各院校在教学资源库平台建设规划时,需要具备项目化与工作过程的特征,通过以专业对口工作岗位为进阶分类标准,不断充实教材习题、项目案例、行业信息等资源,使学生在使用资源库学习的过程中能由浅入深、累积经验,全面掌握岗位工作所需各类知识并加以实践锻炼。同时,为保证资源库教材与案例的长效建设和实时更新,贯通职业院校与合作企业需要建立资源库建设过程管理机制,紧跟行业新技术、新工艺,及时修订新教材,支持课程开放共建,并通过管理权限的设置使各参与单位均能共享。

(三)实训环境的优质营造——软硬结合、厚积薄发

职业院校教育强调通过实践学习培养技术技能型人才,因此教、学、做"三位一体"式教学模式要求在真实工作情境中开展教与学的各项活动,促进知识与技能相结合、理论与实践相统一。贯通院校要坚持以职业导向为教育中心任务,进一步强化职业工作能力培养的教学深度与力度,紧密围绕工作项目所需知识与技能,搭

建工作场景，练习真实案例项目，并在企业工作环境中进行实习实训与订单式培养。

在各行业加快数字化、智能化、绿色化发展的时代潮流下，职业院校应主动作为，与行业领先企业共同筹划，配置能够满足行业先进需求的信息化教学设施，并聚焦学生在职业工作场景中的实训软环境与硬环境的搭建，融入真实工作的指标要求与考核制度，使学生随着专业知识与工作经验的增加，任务解决能力得以不断提升。同时，针对当前实习实践内容碎片化与表面化、教学方法不规范的问题，贯通院校间应进一步统筹实习实践内容，将实习实训长期化、规范化、深入化，使学生从掌握单项操作技能逐步向掌握项目综合解决能力进行提升。此外，贯通院校应在实习实践基地建设、日常运行管理办法、教师的组成和课酬标准、实习实践学分等方面互通互认，真实体现贯通培养的长期化实训教学需求，减少实训设施的重复购置投入。

高素质高技能职业人才的培养，需要学生对专业工作的长期学习与锻炼，沉下心扑下身，练就真本事。将课堂搬到生产服务一线，工学结合育人，贯通培养更是需要坚持长远的学习培养目标不动摇，同时要根据专业的发展与行业的变化，基于学生能力层级做好中短期提升规划，实现专业经验与能力的积累与提升，厚积薄发向前发展。贯通院校开展各类校企合作、"现代师徒制"等育人模式时，同样要落实职业导师长期化机制，不仅要精选行业德才兼备的专业人士担任，而且要提升导师对学生的"传帮带"工作，并且保证学生在导师指导下不断提升职业技能，以校企合作双元育人打造符合中国特色社会主义发展的优秀职业人才，充分发挥各方的积极性和创造性，更好地体现我国职业人才贯通培养模式的优越性。

五、结论

加快职业教育发展是我国高等教育普及化发展的重要战略，习近平总书记提出了"要努力培养数以亿计的高素质劳动者和技术技能人才"的宏伟目标。2019年，国务院颁布了《国家职业教育改革实施方案》，对深化"三教"改革作出专门部署，为我国职业教育发展指明了方向与路径。因此，清晰界定中高本各级职业人才培养规格，并基于贯通培养的特点准确制订对应的人才培养方案，探索优化教学策略与方法，是我国职业教育中高本贯通培养模式得以成功实施的保障。

（原载《职教论坛》2021年第8期）

积极心理学视阈下职校学生学习内生动力激发探究

近年来,我国职业教育着力推进改革创新,积极推动产教融合、校企合作,深化"三教"改革,探索中国特色学徒制,大力加强职业院校师资队伍和办学条件建设,为培养高素质技术技能人才创造更好的条件。然而同样需要正视的是,相对于政策规划与财政投入,学生自身的积极主动性才是影响技术技能学习效果的关键因素。目前,相当比例的职校学生学习内生动力不足,努力程度不够且缺乏良好的学习习惯,在学习遇到困难时很容易就失去学习兴趣甚至放弃学习。因此,职业院校必须正确认识学生的消极状态问题,并实施区别于普通基础教育的针对性培养策略,推动现代职业教育改革。

一、两类典型的消极状态

通过对上海某职校 2020 级与 2021 级学生的调研,获知当下职校学生中普遍存在两类典型的消极状态。

一种是厌倦状态。心理学家费尔(Feuer,1963)将厌倦状态描述为因不满意自己所处的环境或感受自己被排挤在主流社会、所属群体及规则范围之外后产生的一种不幸福的体验。由于因为成绩被强制脱离普通基础教育,加上职业教育普遍的不佳口碑,职校学生不可避免会认为自己处在了一个不利的环境之中,不少学生因此在学习中产生厌倦状态,其消极认知主要包括如表1所示内容。

表1 处于厌倦状态学生的消极认知

排 序	消 极 认 知	比例(%)
1	职业教育低人一等,丢面子	92.8
2	无法参加普通高考,前途堪忧	86.9
3	对所学的内容不感兴趣	72.6
4	学校的教学水平不高	61.7
5	缺乏社会认同	58.3

厌倦状态下的学生认为职业教育低人一等,觉得读职校无法提供与其能力匹配的机遇,感觉被剥夺了"大学梦"而前途堪忧,且经过一段时间后发现对所学专业技能不喜欢,从而怀疑选错了专业,同时对于学校的教学水平也不认可,并觉得感受不到社会上其他人的认同与尊重。这些学生容易感受到职校环境对自我发展的束缚,质疑自己的能力在职业教育下得不到发挥,从而产生压抑感与挫折感,导致其学习积极性受到明显的压制,对未来前景持悲观态度,从情绪到行为会呈现放松甚至懒散的行为,一旦遇到压力常常会怪罪于专业、环境及他人,希望通过挑战来证明自己的能力。

另一种典型消极状态是茫然。学生进入职业学校后,发现学习的主要内容改成了技术技能的操作,课程设置与教学方式与普通高中完全不同,甚至最后一年直接去企业像上班一样进行实训。在这种与其之前所受普通基础教育大相径庭的新学习环境下,学生不清楚到底要学什么,也不知道如何能学好,就会产生茫然的体验,同时常常还伴随焦虑症状,其消极认知主要包括如表 2 所示内容。

表 2　处于厌倦状态学生的消极认知

排　序	消　极　认　知	比例(%)
1	不清楚想要学什么	94.1
2	不知道未来能干什么	84.5
3	学不会教的内容,总是个失败者	77.3
4	怀疑选错了专业	72.6
5	不知周围可寻求谁的帮助	63.1

处于茫然状态的学生会表现出无规划性的混乱,既不清楚自己想要学什么,也不知道自己未来能干什么,难以进入学习状态,并且不论是进入职校之前还是进入职校之后都属于学习困难者,很少体验到成功的愉悦感。同时,由于切换到了职校这样一个陌生环境中,学生会产生一种前途未卜、孤立无援的感觉,缺乏安全感,怀疑自己已经游离于同龄人之外,把寻求各类社交和他人肯定当作精神寄托,总是担忧是不是自身能力不行或选错了专业方向。未来也无法适应社会主流发展趋势,对所学内容提不起任何兴趣。

两种消极状态下的学生都无法集中精力于学习,学习困难甚至"挂科"都成了常态,对学校难以产生认同感(表3)。而在学生管理上,职业院校普遍实行以服务学生发展为辅、以"行为管理"为主的模式：一种是宽松型管理，只要学生在校期间不做违法乱纪之事，对学生学习基本采取自主负责，班主任或辅导员不会像中小学班主任一样狠抓每一个学生的学习成绩；第二种是惩罚性管理，通过对上课出勤率、考试合格率不达标的学生予以严肃批评甚至不予毕业等惩罚方式施以压力，震慑学生使其重视学习。

表3 两种消极学习状态的对比

	厌倦状态	茫然状态
对现状对认知	与目标相差甚远 处在一个差的环境中	发展目标不明确 处在一个陌生的环境中
主观体验	压抑性挫折 无助感 自我失去	无规划性混乱 挫折感 孤立无援
行为表现	放松、放任 渴望挑战、怪罪他人、不确定性	不安全感、焦虑 消极、颓废、寻求肯定

然而对于处于消极学习状态的学生来说，其学情现实已经说明了依靠严格管理来"束缚"和"压制"很难出得了成绩，同时也不能视而不见放任其自由成长，学校必须让其尽快适应职业教育体系下的学习，坚持"以人为本"的教育理念，设法激发学生自身学习内生动力来克服消极学习状态问题，培养积极力量和积极品质，提升学习主动性。

二、积极心理学视阈下个体内生动力的作用机制

积极心理学产生于20世纪末，主要研究引发个体积极行为的影响因素、影响过程和效果，关注人的优秀品质和健康心理。2002

年,积极心理学代表人物洛佩斯(Lopez,S.J.)和斯奈德(Snyder, C.R.)提出了"积极心理-自我实现"关系模型(图1),清晰地阐释了个体内生动力的作用机制,表明积极心理能够帮助个体达到自我实现的目标,同时自我实现也会促进积极心理因素与体验的产生,从而形成正向循环,进一步促进个体持续采取积极行动以实现更高的目标。

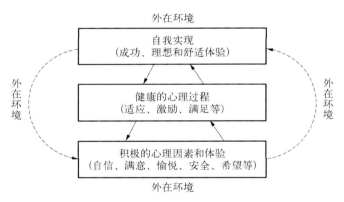

图1 "积极心理-自我实现"关系模型

这个模型的外围是个体所处的各种外在环境,中间则是个体心理与自我实现之间的内循环转化的关系过程,说明一个积极良好的环境对于积极心理发展和自我实现具有重要的影响作用。内循环中位于底层的是积极的心理因素和体验,包括自信、希望、安全、满意、愉悦等,对于处于厌倦状态的学生来说主要缺乏的是满意和希望,而对于茫然状态下的学生来说主要缺乏的是自信和安全;第二层为健康的心理过程,包括适应、激励、满足等,个体一旦缺失了某种积极的心理因素和体验,就会影响心理健康;顶层是自我实现,包括成功、理想和舒适体验等,这些是个体的共性追求。模型中两个向上的短直箭头表示积极心理有利于形成健康心理,进而通过健康的心理过程来促进个体的自我实现;而模型左侧两个向下的短直箭头则表示自我实现状态能够促使个体产生健康的心理,并将进一步增进个体的积极心理因素和体验。因此,针对处于消极状态的学生,学校可通过营造良好的外部环境和提升对应的积极体验,实现顺畅的"积极心理-自我实现"内循环,从而有效激发其学习内生动力。

基于积极心理学的内生动力作用机制认知,对推动现代职业教育改革具有重要意义:

第一,使学生坚定职业教育道路自信。习近平总书记指出:"职业教育前途广阔、大有可为。"从西方发达国家的职业教育实践经验和我国不断加大职业教育发展力度的事实来看,职业教育是建设人才强国战略的重要内容,是对个体实现人生价值的一次良好机会。要让职校学生清楚每个人专长不一样,每个人的成才道路也不一样,高素质技术技能人才是推动我国经济发展与行业发展的重要力量,职业教育是与普通教育并列的另一种教育类别,提振信心好好学习就能有美好的未来。

第二,使学生顺利接纳并安心融入职业教育下的学习与生活方式。相比单纯依靠行政管理强行改变行为而言,以积极心理学为指导,激发学习内生动力这种强调深层沟通的学生管理方法,无疑更适合当下〇〇后的职校学生。积极心理具有更大的包容力,肯定学生拥有内在的潜力和发展的可能性,充分体现教育人性化的特点,能使学生经常保持一种积极乐观的情绪状态,避免陷入各种消极因素影响而失去信心或兴趣,也能使学生在面对心理压力时做出正确的回应。

第三,为职业院校指明了提升学生学习内生动力的方向和路径。内生动力作用机制清晰显示了仅靠片面强调校园硬件环境改善、教学能力提升对学生无法产生直接的积极作用,从而变成校方"一头热"但学生反响冷淡的原因。所谓"以生为本",学校采取的各种措施与方法都要建立在契合学生真正需要的基础之上,在"硬件"和"软件"两方面要全面整治与改进,针对当下职校学生认知中缺失的积极因素以及与之对应的外部环境采取系统化的提升措施,从而有效解决心理问题并进而解决学习问题。

三、职校学生学习内生动力激发路径

(一)深化产教融合,提升就业质量

2022年,我国高校毕业生数量超过1 000万,"就业难"成为每一位学生、每一个学生家庭、每一所学校关注的焦点。然而从近几年学生就业数据来看,职校毕业生反而因为技术技能型人才的定位,相对普通高校毕业生来说具有更高的就业率,无疑为职校学生提供了安心保障,从而有助于提升学习内生动力。要引导学生正确认识职业教育,特别是通过努力可以获得进入行业知名企业工作的机遇,将更大地提升其学习信心与积极性,而当下职业教育正在轰轰烈烈开展的产教融合、校企合作就提供了得天独厚的"直通车"渠道。

职业院校通过与行业领先企业开展包括产业学院、订单班等深度合作模式,能够积极推进协同创新,实现互惠共赢、人才供给侧与需求侧的有效衔接。针对企业人才需求,校企双方在招生规模、培养计划、双导师教学、实习实训、就业保障等环节共同探讨并实施,为学生提供专业培养一条龙订制化服务,使学生毕业后直接在该企业就业,实现就业质量的提升,使学生始终感受到处于良好的个人发展环境中。同时,部分优秀学生经企业认可后被提前录用并选拔为骨干成员乃至团队负责人,可进一步使学生对职业前

景充满希望,感觉未来可期。

（二）设计积极学习任务,引导积极学习行为

学生的主要任务就是学习,因此学习任务是"积极心理-自我实现"关系模型中外在环境的重要组成部分,直接影响着学习目标的达成状况,并进而影响其学习状态。为了使这些学习能力原本不太强的学生"愿意学""能够学""学得好",职业院校教师在教学过程中需要增进师生间的交流沟通,要让学生明确学习的主要目标不是单纯学习理论,而是更注重对技能应用的掌握。因此,教师在教学设计时需要注意涵盖以下因素：(1)学习任务的重要性,使学生清楚认识学习的意义和价值;(2)内容的丰富性,使学习更具有新鲜感及挑战性;(3)学习目标的明确性,促进学生在学习中为达到学习目标而思考与练习;(4)学习过程的支持性,当遇到困难时能及时获得老师的帮助从而增进学习的自信心;(5)学习结果的反馈性,通过及时的学习结果反馈增强学生的学习动机。

上述五个因素能够引导学生产生三种积极的学习行为,即对学习意义的理解(主要由前三个因素决定)、对学习结果的尽责(由第四种因素决定)和对学习过程的思考(由第五种因素决定),而这三种学习行为的结合就构成了对学习的满意感,使得学生在学习过程中不会失去动力,并且因为获得了老师更多的支持与交流,进一步增强了其安全感。即使遇上困难也会全力以赴、积极面对、努力上进,最终提高学习的质量与效果。

（三）尊重学生个性化发展,实施个性化教学

职业教育要为行业发展培养具备多种岗位技能的应用型人才,因此职业技能的学习目标并非千篇一律,不能仅仅笼统要求通过期末考试就算掌握了技能,而是需要针对每一个学生,发现适合其个体发展的方向并形成技术专长,使学生感觉学习目标明确,能

力可以有充分施展的舞台。学校通过了解每一位学生的兴趣与期望,并系统记录学习的过程与阶段性成绩,就可以尽早与学生交流并确定与其兴趣和能力匹配的目标岗位以及对应的能力要求,不仅能为学生未来的发展规划提供参考依据,而且能推动教师实施个性化教学,体现每一位学生的长处与优势。

个性化教学模式下的教学目标与教学形式因人而异,教师对一门课程规划分层次、差异化、小步调的教学目标,针对有条件的学生可以设定较高的学习要求,而其余的学生则可以设定得相对较低。在教学实施时多设置开放式问题,教师提前将学习任务发布给学生,给其留足思考与探索的空间,在课堂上根据个体学习状况,灵活采用小组合作法、问题讨论法、情景教学法、自主探究法等多种教学形式进行知识传授,并在课后再设置一些便于学生之间、师生之间交流的知识点话题。教师要把过程性评价与终结性评价相结合,体现教学的多元性、诊断性、差异性和过程性,使学生能不断体验成功,认同自我价值。

(四)帮助学生开启新篇章,培养自尊人格

积极心理学认为沉陷于失败经验是产生消极心理的重要动因之一,因此学校应帮助处于消极状态的学生设法切断与过去失败经验的所有联系,使其忘却脑海中那些与积极心态背道而驰的各类消极记忆,重视当下的自我成长。比如可以让学生找出他当下最想获得的东西或目标并立即着手做出获取计划,培养其每天说或做一些使他人感到舒服的话或事,发挥爱心与热情做一些公益工作,多与他人讨论问题的解决办法,发现和自己具有相同爱好的同学开展兴趣活动,等等。通过增进积极体验,使学生与同学、朋友及家人保持良好的相处关系,形成正常的学习生活行为,在良好的周边氛围下开启新的人生篇章。

自尊是个体相信自己是有能力的和重要的,体现了对自我价值的判断,因此,学生在进入职校后,学工部要迅速帮助学生培养起自尊人格,通过组织学生参与技能比赛、举办企业参观、校友交流、政策宣讲等多种形式,让学生清楚意识到自己是一个有能力的人,与同龄人处在同一个竞争层面上,而且自己有许多好的品质,能像大多数人一样把事情做好,包括在某些方面具备过人之处。总的来说,自尊人格的培养需要让学生形成对自己满意、觉得对他人有价值的自我意识,消除自卑感。

四、结语

　　习近平总书记就加快职业教育发展作出"努力让每个人都有人生出彩的机会"的重要指示,职业院校在探索教育改革的过程中,不仅需要提升教学能力与教学条件,还应该针对职校学生的特点尤其是弱点,有效激发学习内生动力,探索并形成与普通教育区别化的培养模式,才能切实提高职业人才培养质量。同时,通过深化产教融合,促进政府、行业企业、学校紧密合作,共同努力为职业人才提供广阔的发展空间,推动人才供给侧与需求侧耦合发展,为职校学生打开通往成功成才大门,是保障职业教育发展的长久之计。

（原载《职业教育研究》2023年第5期）

基于前置仓理念的产业学院
人才培养优化探究

构建"十四五"新发展格局、推动高质量发展对技术技能型人才的需求更为迫切。一方面,数字化时代推动了产业加快转型升级,亟须大量高素质技术技能型人才填补现代产业体系中新职业、新岗位的人才空缺;另一方面,要实现创新驱动,必须依靠高素质技术技能型人才将新一代信息技术与产业深度融合,从而推动科技成果的转化和实践创新。然而,不可否认的是,目前职业院校毕业生在学历层次与社会认可度方面仍处于劣势,要在每年上千万的毕业生中与普通高等教育本科生以及逐年增长的研究生展开就业竞争,其难度与压力空前巨大,这就要求职业院校进一步重视当下人才交付时面临的问题,充分发挥产教融合的优势,优化人才培养模式,提升就业质量,为职业教育改革探索新的路径。

一、当前职业院校面临的人才交付问题

(一)培养方案滞后于产业发展,无法及时提供企业急需的技术技能人才

闫亚林等以新能源汽车专业为例,指出很多高职院校虽然开设了该专业,但在人才培养方案,依旧以传统的汽车检测与维修技

术专业培养方案为基础，加入部分电池、电机、电控、车载网络技术等相关课程，而非真正结合新能源汽车企业实际岗位需求设立课程，导致毕业生知识技能与岗位要求不一致；张雯月以物流专业为例，指出当前物流行业已经进入了一个新的发展时期，但职业院校开展的物流专业教育滞后于物流行业现状，在教育的实践过程中沿袭传统滞后的教学内容和元素，向学生传授的技能与新物流技术脱节。

（二）部分专业课程内容过时或教师缺乏行业经验，未掌握最新技能知识

高慧等以工业机器人专业为例，指出不同工业机器人的设备形态与操作要求相差甚远，并且不少设备还存在力学传感器、机械视觉等超出本身应用范畴的技术功能，与传统的教材内容有着非常大的区别，导致学生面对设备实际操作时无从下手；林海榕提出，职业院校教师需要定期去企业参加顶岗实训以更新专业技能，还需将企业的操作流程与技术标准引入学校。将行业资源有效转化为教学资源是职业院校教师必须具备的一项重要能力，而当前远离行业的教师无法做到既会"做"还会"教"，更谈不上按最新的行业技能与流程要求进行教学设计。

（三）学生运用专业技能解决实际问题的能力待提升，岗位适应力不强

潘杰宁经调研后提出，解决问题的能力一直是用人单位最为看重的核心职业能力之一，但职业院校对问题解决能力的培养并未获得足够的重视，导致不少高职毕业生在进入企业相当一段时间内因无法准确理解工作内容而不能正常发挥自己的所学技能；卿雯红等提出，当下社会对职校人才的要求已从对某一专业知识的熟练运用转变为具备专业技能灵活解决问题和高质量完成项目

的需求,而现今职业院校对解决实际问题的能力和素质培养均还处在较低层次,毕业生进入企业岗位后一般还需要经过较长时间的岗位培训才能上手工作,影响了企业的招聘意愿。

各职业院校每年都在毕业生就业方面下足了功夫,在保证就业率的前提下还要不断提升就业质量,为毕业生提供更好的发展机会。从本质上言,职业院校与企业一样,其存在和发展的基础都是要提供满足市场需求的服务,前者是为产业提供所需的技术技能人才,而后者是提供目标客户所需的产品或服务。尤其面对日新月异的产业发展和激烈残酷的就业竞争环境,职业院校同样要遵循市场规律,按照行业发展与企业用工需求,在人才交付的及时性与质量上全面提升,有效解决"准确培养产业急需优秀技术技能人才"的职业教育难点问题,借助产教融合探索优化人才培养模式,为职业教育发展做好新规划、注入新动力。

二、前置仓理念下的产业学院人才培养模式打造

前置仓是近几年提出的一种新的生鲜电商仓储配送模式,要求企业将生鲜农产品中转储存仓库从传统的农村郊区转移到离消费者更近的市中心,并按电商平台的用户订单分类打包后通过"电瓶车＋冷藏包"快速配送至千家万户,从而提升生鲜农产品订单配送的速度,保证货品的新鲜度,在更短时间内完成消费者的即时购买需求。自 2015 年 11 月每日优鲜开设首个前置仓并获得成功的市场响应后,前置仓模式已成为当下所有生鲜电商企业的标准布局。前置仓以更贴近用户为导向创新供应链,呈现了交付速度快、货品更新鲜的服务优势,提升了用户满意度,其应用已逐渐扩展至许多其他电商商品品类,其理念也为职业院校产业学院的人才培养创新提供了新思路(表1)。

表 1 前置仓理念下生鲜电商与职业院校的需求交付创新

对比项	生鲜电商	职业院校
市场需求	个人用户生鲜订单的快速配送 新鲜货品	企业即时用工需求的迅速交付 具备最新技术技能的人才
需解决的问题	距离远,配送速度慢 货品不够新鲜 为节约成本需整车发货,不能随需应变	培养方案滞后 学生未掌握最新的技能知识 解决实际问题能力较弱
前置仓的形态	将中转配送仓库转移到市中心	在产业学院中"复制"合作企业的对口部门
前置仓的功能	提前把生鲜农产品运到仓库储存 根据用户订单分类打包 "电瓶车+冷藏包"灵活配送	让学生入职产业学院工作岗位 真项目实训,真标准考核 "项目生产"式顶岗培养

在前置仓理念下,职业院校的人才培养交付链将不再是常规的"学生—学校—企业"(图1),而是将产业学院插入学校与招聘企业之间,成为人才进入企业的前置环节(图2)。基于前置仓理念的产业学院人才培养模式要求学生在完成学校技术技能基础课程学习后,先到产业学院入职企业真实岗位,进行真实工作,成为具备一定项目生产经验的技术技能熟手后再面向企业应聘,从而为企业缩减新员工岗位培训时间,减少人员招聘效果的不确定性。这种人才培养模式的优化策略使人才培养方案与产业发展始终保持同步,让学生在一线工作中学习掌握最新的、需要的专业技术技能,并通过项目生产锻炼达到胜任岗位的目的,构建学生、学校与企业三方共赢的机制。

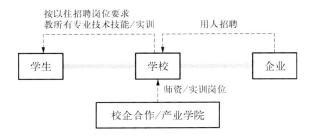

图 1 常规的职业院校人才培养交付流程

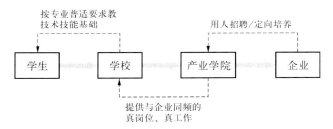

图 2 前置仓理念下的职业院校人才培养交付流程

与职业院校常规的人才培养交付模式相比,前置仓理念下的产业学院人才培养要让学生提前适应企业工作内容与工作要求,因此,需要在产业学院中"复制"其合作企业的对口部门——将企业真实生产场景提前引入学校教学阶段,包括企业文化、管理制度、办公条件、项目生产、岗位设置、考核标准等,使学生在产业学院的学习不仅仅是进行软硬件操作实训,而是完全融入实际工作环境,实现"企业同频"式顶岗实训:

第一步,学生入职产业学院工作岗位。自二年级下学期起,产业学院发布与专业相关的"企业"工作岗位,学生根据自己的技术特长及兴趣爱好,经过专业技能测试后入职各岗位,成为一名"实习"员工。该阶段的主要任务是由企业导师或者上一届优秀学员进行"新员工"入职培训,让学生熟悉企业业务内容、所在团队、管理制度、工作内容等,观摩讨论正在进行的或已完成的项目,并将日常作息安排调整至企业规定的上下班时间。

第二步,真项目实训,真标准考核。经过两周左右的适应期后,学生开始学习操练企业过往的真实生产项目案例,遵循并适应企业考核标准,成为一名"见习"员工。在这一阶段,项目案例将按原生产计划与要求进行还原,由学校老师或企业导师充当项目负责人角色,要求学生逐渐适应从项目前期讨论、具体工作任务认领到提交工作成果的全过程,并依据生产要求对学生的工作完成质量进行考核,使学生不断积累项目经验。

第三步,"项目生产"式顶岗培养。自三年级开始,学生正式负责企业外包生产任务,在规定的时间内完成规定的工作任务,并得到相应的劳动报酬,成为一名"正式"员工。该阶段将进一步提升专业学生的技术技能应用能力,增强岗位工作的责任意识、质量意识、效率意识,一些表现突出的学生会被提拔为项目小组的负责人,并且被产业学院的合作企业提前录用,获得企业正常员工的"工资+绩效"待遇。

基于前置仓理念的产业学院人才培养模式要求学生提前适应企业的真实岗位工作,缩短岗位适应时间,更熟练地运用最新技能解决实际问题,充分体现了职业技能的培养规律与产教融合的本质属性,对职业人才培养具有战略意义。

首先,推动了产教深度融合培养人才。为推动专业建设与产业发展深度融合,国家出台了一系列政策鼓励校企合作创建产业学院,然而目前的产业学院运作与常规的校企合作并未有本质区别,还是一种互补合作式教学关系——学校提供场地和资金并负责理论教学,企业提供技术专家授课和学生顶岗实训安排。产教如何深度融合促使校企合作协同创新产生合力，成为产业学院人才培养亟待解决的问题。而前置仓理念则为产业学院建设注入了新的方向与内容，校企双方将直面企业即时业务发展与对应的人才需求，共同确定人才培养目标、调整培养方案、调配师资力量、重新设计教学内容、实施教学改革，从理论与实训分阶段教学走向一体化教学。

其次，提高了职业人才培养质量。传统的三年制职业院校学生的理论学习时间一般长达两年半，即便当中设置了一些实训课程，但由于时间短暂仓促，学生无法深入熟悉岗位工作的具体内容与要求，也无法真正着手实际岗位工作，只能对工作情况做一些表面的了解和体验，对技术技能的学习提升作用有限，仅靠大三下半学期短短数月的毕业实习期，对于学生适应岗位工作和培养运用技能解决实际问题能力来说，锻炼的时间与力度还远远不够。而前置仓理念下的产业学院人才培养通过提早让学生适应合作企业的工作岗位，以真项目实训和生产，接受真标准考核，使学生在校期间即拥有相当时间的优秀企业实际工作经验，毕业时自然更受行业企业青睐。

第三，提升了产业学院资源利用效率。产业学院拥有的企业优质资源不仅仅是企业的技术专家师资和实训机会，还包括了企业的项目经验、文化氛围、管理制度等，学生在产业学院的"复制"合作企业里经过一年半的熏陶和锻炼后，从技术技能的掌握运用到思维方式、工作态度、解决问题的能力等方面都呈现出明显的整体提升，体现出良好的技能水平、精神风貌、职业气质。同时，真岗位工作及真项目实训生产也使产业学院先进的软硬件设施和良好的实训场地条件得以充分利用，使产业学院的各种资源投入发挥最大效益。

三、前置仓理念下的产业学院人才培养优化路径

随着职业教育改革的不断深入,产教融合、校企合作进入了新的发展阶段,提升职业人才培养效能成为产业学院成败的关键。基于前置仓理念的产业学院建设要求校企双方从教学场景打造、教学计划制订、教学团队组建、能力评价体系完善等方面整合优质资源协同创新,实现人才培养优化。

(一)基于企业真实生产场景打造教学场景

与建设一个常规实训基地不同,前置仓理念下产业学院的教学场景打造是"复制"合作企业的对口部门,在这个真实的企业场景中,有直观可见的企业员工、办公区域、生产设备、生产项目,还有能感受到的企业文化、管理制度、操作流程、工作氛围等。为保持教学场景与企业生产场景一致,使实训教学持续稳定开展,产业学院应安排引入企业相关团队常驻实训基地,并实现日常化的生产办公,为产业学院的实训教学注入企业管理制度与企业文化,塑造真正的实际工作环境。同时,参加实训的学生要安排固定的工作区域,条件允许的要配置固定工位,按企业正常上下班时间调整作息时间,严格遵守企业的规章制度,并通过"入职"转变为员工身份。

(二)基于企业真实项目制订教学计划

高素质技术技能应用型人才的培养需要满足多种技能融会贯通、灵活运用的要求,因此,产业学院需要持续引入合作企业的真实项目并制订相应的教学计划。一是引入企业已完成的项目案例,校企双方按实际生产计划与要求对项目进行还原,将其编写成产业学院的新教案,推动理论教学与实训教学紧密结合,促使处于"见习员工"阶段的学生真正了解专业岗位工作到底要做什么,自

己还有哪些欠缺的技能;二是引入企业正在进行的项目,让已经成为"正式员工"的学生进行生产操作并产生经济效益,进一步强化专业技能的实战锻炼,要求学生能够适应工作压力,培养团队合作精神及工作责任心,完成生产任务,最终完全胜任岗位工作并获得项目生产经验。

(三)基于项目生产管理组建教学团队

产业学院的实训教学并非由企业单方面承担,而是校企双方教师基于项目生产管理实行矩阵式教学。每个项目生产组包括一名企业教师、一名学校教师和若干名对应生产岗位的学生,企业教师作为项目负责人确定项目目标并分解生产任务,学校教师作为项目技术指导负责学生在生产过程中的技能知识教学与答疑。在项目组按照约定目标与进度生产的过程中,学生通过撰写生产日志或开例会的形式向项目负责人汇报进度,同时学生也要将遇到的技术问题第一时间反馈至学校教师,学校教师根据实际情况及时开展教学课程,以短周期教学优化常规线性教学方式,进一步注重技能学习的实用性。这种基于项目生产管理的双导师负责制教学模式,把课堂搬到了生产现场,推动理论教学与实践教学紧密结合、相互促进。

(四)基于企业考核标准完善能力评价体系

为了让招聘企业对学生专业能力有更准确的了解,同时也给学生的自我评估提供准确的依据,产业学院以项目产能为基础,基于企业考核标准进行评判,为每位学生建立一份专业能力档案,并形成人才信用体系服务。专业能力档案通过项目生产管理平台将学生在产业学院两年学习的数据进行采集梳理,记录其项目完成情况、生产效率、技能水平、工作态度、团队合作、创新能力、教师点评等各项实训学习的过程性数据,并且加上产业学院合作企业的评价,公平公正地体现了学生的专业技能状况与职业发展潜力,以企业关键绩效评价引导教学改革,使职业院校毕业生与职业人才画上等号。

四、结语

前置仓理念为产业学院建设与人才培养优化提供了新的思路,使学生在真实的企业场景中边学边干、边干边学,在实训中领悟理论,用理论指导实践,达到"知行合一",显著提升技能的应用能力与岗位适应能力,转变产业学院校企"分工负责制",从教学标准与人才培养方案的制订,到教学内容与教学环境的设计,到技能教学与业务生产管理,全方位实行校企合作同向同行、协同创新,从"双元制"培养升级到"双元一体化"培养,打造校园与企业零距离、教学内容与产业需求零距离、理论与实践零距离的产教融合教学模式。

(原载《科技和产业》2023年第12期)

Talent cultivation mode for integration of industry and education based on "triple helix model" theory

Since 2020, a sudden outbreak of COVID-19 has changed people's living conditions, accelerating the digital innovation of social operation, manner of working and lifestyle. Digitalization transformation and upgrading are penetrating into every industry, and also bring new opportunities to technical skilled talents. As a national education system and an important part of human resource, high education needs cultivate not only scientific research talents but also high-quality technical skilled talents, which requires parts of colleges and majors transform from academic education to application education or vocational education. Hence, we should innovate the corresponding talents cultivation mode and push forward the reformation of high education.

1. Current situation and problems

To cultivate high-quality technical skilled talents, integration of industry and education has become an important education strategy for all countries in the world, including China. Through in-depth cooperation and joint teaching with enterprises which are mainly private sectors except few government-owned enterprises, colleges and universities hope to cultivate technical skills talents and improve their abilities to adapt jobs. However, as the mode of school-enterprise cooperation developing, some representative problems are arising:

First, if the fundamental cooperation goals of the school and the private sector are different, the teaching requirements and standards will be out of sync. Second, if the benefit return mechanism is missing or imperfect, it will lead to the low willingness of private sector to participate the cooperation. Further more, the private sector in cooperation is generally in a weak position, which makes it difficult to have decision-making power, and lack of the corresponding laws or regulations of mutual restraint, which also affects long-term cooperation.

Therefore, for the sake of integrating commonweal educational resources and economic industrial resources, and promoting integration of industry and education, government must not be absent from its role. On the contrary, it should exert its functions actively and form a pattern of multi-party linkage and win-win cooperation.

2. Talent cultivation mode for integration of industry and education based on "triple helix model" theory

"Triple helix model" is a nonlinear spiral innovative pattern proposed by American sociologist Henry Etzkowitz in the mid-1990s. Based on this theory, school-enterprise cooperation needs to be integrated into the role of government, which means government (including government-owned enterprises), school and private sector will establish a spiral connection due to the common goal of talent cultivation. The three helix parties cross each other, and interact with each other. This model for integration of industry and education is different from the dual cooperation system between school and private sector under the supervision of government, but emphasizes the linkage and coupling among government, school and private sector, and then results in a spiral improvement effect (Chart 1).

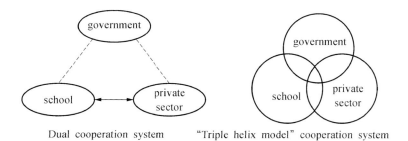

Chart 1　Two different Talent cultivation modes for integration of industry and education

"Triple helix" talent cultivation mode for integration of industry and education enables the government, private sector and school to fully interact with each other on the premise of performing their respective duties, generate and deepen cooperation contents to form greater synergy in talent cultivation. Under this model, government, school and private sector need to do the following work together:

(1) Adjusting talent cultivation program according to the characteristics of industry

First of all, the three parties jointly determine the goal of talent cultivation, so as to confirm the direction and requirements of students' professional knowledge and skills, so that students can accurately master multiple skills required by the jobs, and expand the relevant knowledge of professional skills such as internet technology, big data, quality control and safety management etc. Secondly, find a way to improve students' skills application ability. Private sector should restore the cases that have been done according to the actual situation, so as to create real project textbooks and real project scenes with school, then require students to apply their skills to meet the project requirements according to job standards, in order to change the problem that students cannot apply what they have learned in the past. Finally, enhance students' ability to use diversified skills comprehensively. Government, school and private sector can arrange students more training opportunities, training hours should be extended from routine of half a year to more than one year, and students are required to use all kinds of skills to complete real manufacture projects. At the same time, students are also required to develop the abilities of collaboration and communication with others, and realize the seamless connection between study and work.

(2) Building curriculum system according to job tasks and post capacities

At present, the curriculum system for technical skilled talents is basically same as that for academic talents, and the difference is just that part of the experiment courses aimed at scientific research are changed into practical training courses, which has not reflected the characteristics of job tasks and post capacities clearly. "Triple helix" talent cultivation mode requires the professional courses to correspond with job tasks and post capacities directly. Generally speaking, technical posts always have corresponding vocational qualification requirements, so curriculum setting should be according to talent cultivation objectives, focus on docking vocational qualification examination syllabus and content, and adjust and optimize teaching content dynamically, in order to achieve the consistency of teaching and examination. At the same time, government and private sector should determine what posts are existing or going to appear, and what professional skills are needed for the job jointly. Then, school arranges reasonable courses to meet the learning requirements of these skills, so as to realize the correspondence of curriculum content with job tasks, and one to one connection between the curriculum system and post capacities.

(3) Providing talent services according to industrial development strategy

Providing good service and support to talents is also a key part of "triple helix" talent cultivation mode. It mainly includes three aspects: One is that government and private sector should integrate regional and industrial resources to improve the level of talent service and talent security, set up industrial district to attract the enterprises employing technical skilled talents or the enterprises founded by technical skilled talents to settle in, and provide property services such as rent reduction, loan assistance and investment docking, to make full use of various supportive policies. Aspect two is to strengthen the coordinated development of industrial chains, and build industrial cooperation platforms, so as to form strategic alliances in technological innovation, talent recruitment, business integration, commercial chance, and promote excellent talents to get more opportunities and play bigger roles on the platform. Aspect three is to establish a dedicated service channel for high-quality technical skilled talents, including international training, cross-school learning and qualification certification, help them obtain higher income and professional honor, to attract more excellent students interested in a career as technical skilled talents.

So, the advantages of "Triple helix" talent cultivation mode mainly include:

It sets up the connection between the supply side and the demand side of talent. Through effective coordination of institutions and rules, government promotes industrial market to evolve into a form of higher efficiency and better quality, which has become an important driving force for sustainable economic growth. Meanwhile, private sector will recruit more high-quality technical skilled talents from schools under the trend and expectation of market growth. In this sense, the government's participation has a systematic impact on the evolution between the supply side and the demand side of talent, thus promoting the close connection between the two.

It energizes the two-way development of teaching and learning. "Triple helix" requires government, private sector and school to jointly take charge of talent cultivation. On the one hand, government and private sector will further realize the advantages of talent customization, actively cooperate with school to create talent customization platforms, and improve the convenience of teaching participation.

It helps deepen and sustain integration of industry and education. As a composition of "Triple helix", government can play its function of policy making, gives all feasible supporting policies and regulations to private sector and school directly, helps private sector increase compositive benefit for participating the cooperation, and also helps school build its majors on industrial chain, thus prompt integration of industry and education more robust.

3. The implementation steps of "triple helix" talent cultivation mode

(1) Form industrial community

At present, rapid development of Internet technology has brought a new digital ecology, industrial environment and industry boundary are in constant change. Government, private sector and school are all in a complex industrial network. By forming an industrial community, high-quality technical skilled talents will be cultivated more effectively, and benefit all of them.

(2) Strengthen top-level design

In terms of the community development vision, it needs to construct accurate and reasonable target of professional talent cultivation according to the long-term goal of regional economy and industrial planning. In terms of cooperation concept, it should not only reflect the spirit of three or more benefits, but also reflect practical action ideas, and adjust flexibly due to industry changes.

(3) Facilitate collaborative innovation

"Triple helix" optimize configuration of all advantage resources including capital, manpower and technology, to participate actively in the planning layout of industrial key projects, and cater to market demand accurately, which changes the exclusive role of school in talent cultivation, promotes collaborative innovation and carry out the one-stop cultivation service.

4. Conclusion

The demand of high quality technical skilled talents brings new challenges to talent cultivation. "Triple helix" talent cultivation mode for integration of industry and education breaks the traditional dual system of school-enterprise cooperation mode, it makes government, private sector and school combine closely, make the most of each one's strengths and form a spiral ascension effect, which provides a new idea and reference for higher education reformation.

(入选亚太地区教育质量保障组织(APQN)2022年学术会议和年度大会论文)

融媒体编辑核心能力模型构建与培养探析

自2014年党中央正式提出加快媒体融合发展的战略部署以来,新闻出版单位纷纷发力数字化转型,不论是社交媒体平台,还是当下火热的短视频、直播平台等均成为新的传播阵地。在融媒体时代,编辑工作早已超越策划、组稿、审核、优化等传统职能,岗位业务新要求如需求分析、动漫制作、媒介管理、数据分析、全媒体内容策划等不断衍生,对融媒体编辑人才培养提出了新的要求。

一、现状与问题

随着产业环境及技术应用发展的日新月异,融媒体编辑人才的培养也需要与时俱进。然而综观当前开设融媒体相关专业的院校的人才培养过程与结果,可以发现普遍存在以下问题:第一,新老知识结构简单叠加,将融媒体编辑的概念与实质理解为"互联网+编辑"。一些高校以传统编辑课程为基本体系,进而直接扩充部分互联网技术类的课程,未能从实质上体现数字化对编辑工作的根本性转变,培养的学生无法胜任实际岗位要求;第二,急于将大量新技术、新模式加入学习计划,培养方案的制订与更新无章可循。不少高校在"本领恐慌""技术盲从"等情绪支配下,纷纷设计各种与新技术、新模式相关的课程如人工智能、移动应用开发甚至电商直播等加入专业培养方案中，各个高校的课程设置、人才培养方案存在随意性现象；第三，技术能力学习范围面广，知识融合难度较大。融媒体基于数字技术、互联网技术进行传播，决定了融媒体编辑人才在思维、技能和专业层面的要求是文科知识与理工科知识相结合，不少核心专业课程均涉及计算机应用、数据库建设、软件开发等，造成文科学生对技术知识的掌握普遍存在困难。

因此，仅靠增加技术类课程无法回答是否能构成融媒体编辑知识体系，以及技术知识到底要学到什么程度才能满足工作需求等专业人才培养的顶层设计问题。必须通过对专业核心能力的关键构成要素建立准确的判断依据，才能有效培养核心能力，从而提升学习内容与工作需求的匹配度，打造人才竞争力，成为当前融媒体编辑人才培养优化的迫切任务。

二、融媒体编辑核心能力模型构建及其意义

融媒体传播以数字技术实现了信息的多平台传播，创新了内容形态，并延展了内容意义，而衡量融媒体编辑工作成效的根本，是看经其编辑出品的信息，是否能最大化实现社会效益和经济效益。因此，从传播效果角度探究融媒体编辑核心能力的本质、科学地界定核心能力内涵从而进行针对性培养，具有理论和现实意义。在研究如何获得最佳传播效果方面，1949 年美国数学家香农（Claud Shannon）与韦弗（Weaver）建立了经典的香农-韦弗线性传播理论，并提出了"传播三层面问题"（图1）。

在"传播三层面问题"中，A 层问题为技术问题，解决的是信息在媒介传播过程中需要保证信息传播者与接收者遵循统一的标准，即按媒介的话语体系对信息进行编码转换，且必须能被媒介所

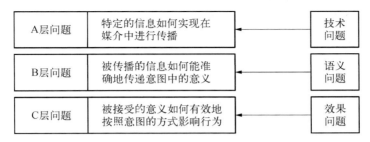

图 1　香农与韦弗的"传播三层面问题"

识别和读取。

融媒体传播所依托的数字媒介平台日趋多样，文字、视频、动画等呈现方式各不相同，要在数字媒介上获得良好的呈现与传播效果，首先必须把内容文本通过数字技术转化为数字信息，这是融媒体传播的前提与基础。同时，由于不同的数字媒介的话语体系不同，融媒体传播不能简单地把同一个数字内容形态放到各个媒介平台上，而是必须针对不同的媒介平台采用不同的叙事技术，需要传播者对数字媒介的定位特征，到内容的数字化创作，再到对受众的传播方式，每一个环节都有本质上的变化。因此，对融媒体传播来说，"传播三层面问题"中的技术问题对应的是数字技术应用能力。

B层问题为语义问题，要解决的是实现被传播信息能准确传递信息所载的意义，从而使接受者的理解最大程度上与传播者的意愿相符，强调了表达的规范性与准确性。

对融媒体编辑而言，"准确传递意义"包含了两个要点：首先，一切文化产品均反映着一定的价值观，编辑工作必须准确反映社会主义核心价值观。作为社会主义核心价值观的"传播者"，编辑工作必须把好关、守好门，具有坚定的政治信念；同时，语言文字本身既是文化的载体，同样也是一种重要的文化现象，在融媒体传播过程中需要减少意义分歧，增强统一性，避免由于信息处理不规范造成表意不清、产生歧义甚至让人误解的后果,这对融媒体编辑提出了信息规范表达能力的要求。

C层问题是效果问题,解决的是提升受众接受意愿度的问题。要尊重媒介对应受众的接受偏好,不能将内容信息整齐划一地加以数字化"编码"进行传播。

当前的互联网应用大多是以年轻受众的喜好设计,对于互联网的新军——老年人来说,使用体验并不友好,字体小、图片杂乱,注册、交互等流程操作烦琐且时常变动,迫使许多老年人需要年轻人帮忙才能正常使用。因此,针对可能成为下一波互联网人口红利的老年群体,融媒体编辑需要通过分析老年人的认知特性和需求层次,创建老年人专用的阅读模式。此外,对于更细分的特定目标受众,需要建立清晰的用户画像,高度重视其心理研究,才能保障融媒体传播取得良好的效果。只有尽可能地尊重用户接受方式,才能准确传播信息意涵,否则就易被拒绝或被误解,从而失去应有的内容价值。

综上,对应"传播三层面问题",可构建出融媒体编辑核心能力"三角模型"(图2),并明确关键组成因素——数字技术应用能力、信息规范表达能力和群体认知沟通能力及各自对应的作用。

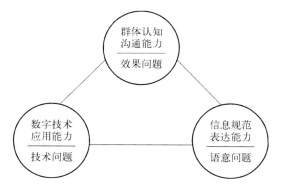

图2 融媒体编辑核心能力"三角模型"

融媒体编辑核心能力"三角模型"的构建,对于专业人才的培养与发展具有重要意义:首先,有助于开设相关专业的高校科学设计教学方案,明确融媒体编辑与传统编辑不是简单的多加几门数字技术类课程,而是要从根本上回答到底技术类课程为什么要学、要学习什么、如何学、学到什么程度等一系列问题;其次,使学生明晰学习方向,增强专业自信,避免陷入因为学习方向不清而影响甚至失去学习兴趣,解答学生心中对"新闻无学"的疑惑,促使学生保持良好的学习状态,从而达到理想的学习效果;同时,融媒体编辑核心能力的明确也为新闻出版企业关于人才判别与考核建立了标准,从某种意义上来说,融媒体编辑的业务管理层人员是无法直接从传统编辑岗位直接转岗担任的,融媒体的本质基因是互联网传播,信息的载体、形态、内容全都与传统媒体截然不同,对从业人员的思维方式和知识体系提出了全新的要求。

三、融媒体编辑核心能力培养路径

（一）培养用户思维——重视受众研究

受众是媒体的目标用户,对受众的研究应该贯穿于融媒体编辑工作的始终。策划选题前,首先要对不同媒介的定位准确把握,明确其对应的受众人群到底是谁;其次是了解、掌握该受众群的阅读需求、阅读习惯,从而确定传播信息的内容选择和表现形式。比如对于当下热门的信息形态——短视频而言,不同的短视频平台对应的目标受众就有明显的区别:抖音的用户覆盖面最广,并吸引了大量明星的参与,在一二线城市的中产人群中拥有较高的影响力,而且女性比例较高,因此其内容要求精美、年轻、时尚;快手主要面向三四线城市,尤其是东北地区的男性人群,对应的视频内容需要更接生活地气,体现的是"老铁文化"而不是"名媛文化";而

Bilibili 则面向二次元新人类，以 90 后和 00 后人群为重点群体，在所有短视频平台中定位最年轻，其创作者被称为"up 主"（up 是 upload 的简称，"up 主"即为上传者，是来源于日本的网络流行词），最流行的内容类别为动漫、二次创作及趣味信息。因此，融媒体编辑策划、审读作品时，千万不可凭个人主观判断或简单按统一格式作为信息处理的标准。用户思维是互联网精神的核心，融媒体编辑工作必须时刻站在受众的角度进行思考，很多关于内容该怎么做的问题就能想得明白。

（二）培养大数据思维——提升数据挖掘能力

一个优秀的传统媒体编辑必须具有敏锐的嗅觉、广博的知识与丰富的经验，但这些智慧的传承无法像电脑文件一样能够直接大量复制，其培养既离不开个人的智慧与努力，同时还需要长期的训练及各种机遇，因此优秀编辑人才特别是顶尖编辑人才的培养工作难度极高。而大数据的应用，则为融媒体编辑配置了一个具备顶级智慧的"智能助手"。利用数据挖掘技术，融媒体编辑可以在信息瞬息万变的情况下判断选题是否成立，报道策划该往哪个方向。近期，白银马拉松事故引发社会高度关注，在常规操作经验下，编辑会把安全性问题归结于天灾与人祸两个部分，并围绕当时的各类状况对赛事组织者、气象人员、运动员、专家进行采访，进而讨论问题到底出在哪里。而大数据下的数据挖掘可以帮助编辑迅速获知当下公众还会关注什么信息，如山地马拉松的相关情况、山地马拉松运动员如何用餐休息等，以及各类信息之间有没有直接或间接的关联，从而发掘超出经验或者知识范围的各类信息线索，进而在第一时间通过融媒体传播满足受众关心的信息需求，赢得传播先机。

（三）培养协同思维——连接优势资源

融媒体传播离不开对信息进行技术加工处理，包括音视频、动画、虚拟仿真等。在个人技术能力相对薄弱的情况下，融媒体编辑需要在熟悉技术应用效果的前提下，有效连接各类技术专家资源，成为技术发包集成管理者。为保证技术供应的稳定性与经济性，当前包括新华网、珠海特区报、华龙网在内的一批新闻出版企业已与开设相关专业的院校联合成立了融媒体产业学院，将融媒体内容技术制作作为日常教学与实训内容，充分利用产业学院实训基地的先进设备，发挥学校师生的技术专长及创意特色，建立 PGC（专业生产内容）和 UGC（用户生产内容）相结合的内容生产模式，从而制作出多样化、批量化的作品。此外，互联网资讯的实时性与丰富性决定了信息来源必须多元化，因此融媒体编辑还要培养与重要的媒介平台、资讯平台建立良好合作关系的意识，建立相互间信息通报机制，尤其是要与重要的社交平台如微博、微信等建立信息监测服务合作关系，第一时间获知热点信息并快速跟进报道，同时注重与其他媒介的优势互补，实现协同发展。

（四）培养底线思维——把好两个"关"

面对纷繁的网络信息，融媒体编辑更需要对其内容把好政治导向及文化价值两个"关"。首先，必须树立坚定正确的政治观念，准确、全面掌握党的方针政策和相关的法律法规，相关院校必须在教学中坚决落实课程思政工作。有关融媒体编辑的课程思政设计，应与我国新时代中国特色社会主义的文化背景紧密联系，从知名人物、事件、家国情怀等方面出发，把课程置于时代大势及行业发展中，善于发掘时代模范人物的先进事迹，全方位体现我国历史发展与改革开放进程中公益精神和社会担当意识的相关要素，润物细无声地在融媒体传播内容中体现正确的价值观。同时，融媒体编辑还需要树立文化价值意识，在资讯爆炸的时代练就火眼金睛，发现和创作真正有价值的内容，拒绝低俗炒作，并且静下心来对信息内容进行精益求精的把关,避免出现语句上、文字上、逻辑上以及科学知识上的差错,不为蝇头小利所迷惑,工作才不会迷失方向。

四、结语

融媒体编辑是近五年来随着产业转型发展而产生的新兴岗位,对应专业还未成为一门独立的学科,学科建设仍处于不断探索之中。同时,融媒体编辑相关工作所依托的社会、技术环境在持续发生变化,尤其随着新冠疫情下的社会运行、工作方式、生活方式的全方位数字化革新,使融媒体编辑专业人才迎来了新的挑战与机遇,亦对专业能力培养工作提出了新的要求。

(原载《新媒体研究》2021 年第 13 期)

大数据时代的数字出版专业人才培养：重点、策略与路径

大数据时代已经到来，出版企业正纷纷规划布局大数据技术、优化资源结构、挖掘资源潜力、提升出版服务能力，推动数字出版迈入了全新的时代。大数据赋予数字出版全新的机能，促使其在商业性、出版形态以及营销服务等方面呈现更为个性、多元之势。

习近平总书记多次强调要审时度势、精心谋划、超前布局、力争主动，推动实施国家大数据战略，加快建设数字中国。2015年，党的十八届五中全会正式提出了大数据战略发展要求；2017年，列入《国家"十三五"时期文化发展改革规划纲要》的重大文化产业工程——中国文化（出版广电）大数据产业项目开始全面建设；2020年，突如其来的新冠疫情进一步加速了大数据背景下人们生活和工作方式的数字化革新，数字出版行业在迎来新的历史机遇的同时，也对数字出版专业人才培养提出了新的要求。

一、大数据背景下数字出版专业人才培养的重点

大数据背景下的数字出版通过对数据的知识和价值发现，利用数据挖掘方法和数据处理方法，从数量巨大的、模糊混杂的数据中提取出具有价值的、内容清晰的、可利用且可得到的信息，对传

统出版的"编、印、发"每一个流程环节均产生了颠覆式的影响。因此,大数据背景下,专业院校在培养包括从事编辑策划、设计制作、商务推广、信息技术等岗位的数字出版专业人才时需要聚焦于以下角度:

一是大数据技术在出版选题判断与策划中的应用。对出版来说,出版选题的确定既是首要工作,也是最重要的工作,编辑及商务人员需要通过市场调研、走访书店等方式了解市场热点以及同类出版物的销售情况,然后凭借专业知识与经验评估出版选题的价值。然而,相对传统出版,数字出版市场瞬息万变,出版速度极大提升,即便是资深从业人员,也难以在很短时间内掌握足够的市场反馈信息进行判断,仅仅依靠直觉经验的判断难免会出现差错。大数据时代,与出版选题相关的信息数据收集与分析对比人工调研具有无可比拟的优势,出版选题是否成立、策划方向应该往哪里,都可以通过大数据分析得出客观的判断并预测结论。

二是大数据技术在数字出版物营销工作中的运用。以往的出版物营销主要是营销策划人员根据出版主题开展读者活动、媒体报道及书店陈列促销,但是在大数据以及社会化媒体盛行的时代,这些受时间地域限制的被动式营销方式已经黯然失色。今天的读者已然成为市场营销的主宰者,他们会通过互联网主动搜寻出版物信息,筛选出符合其阅读偏好的产品,尤其是通过关注购物网站及线上社区的评价口碑以决定购买行为,由之前注重阅读实用价值到更加注重整个消费过程中的体验价值和情境价值。因此,利用大数据技术在开展数字出版物营销时,不仅能对网络上碎片化的读者信息进行捕捉并加以收集整理,更能在对信息进行分析和整理后按照不同人群的喜好将各类出版物信息渗透到微信、微博和论坛网站等各个社交媒体平台,使出版物信息更高效地传递至目标人群。同时,大数据技术能利用数据分析得出读者的阅读偏好、个性需求、购买记录等,使读者能够享受更好的推荐服务,以及更优质的个性化服务,帮助数字出版实现精准营销。

三是大数据技术在数字出版平台建设中的应用。与传统出版相比,数字出版不仅形态多样,而且在信息的组织方式、传播方式、生产流程上都发生了本质的变革,而大数据技术则进一步帮助用户通过各类平台发现、搜索、了解及购买数字出版产品,从而更好地建立网站、手机客户端、电子阅读器、线上图书馆等多种数字出版平台。对于出版企业而言,建设大数据背景下的数字出版平台是优化资源结构、挖掘资源潜力、提高服务能力和资源利用效率的关键举措,也是传统出版单位实现数字化转型、由内容提供商向内容信息服务商转型的必由之路。建设数字出版平台,需要从技术上设计符合当前发展阶段的平台解决方案,针对不同单位、不同所有制性质、资源价值、资源量不一样的情况,选用适合的建设模式(表1)。同时,建设数字出版平台不仅仅是技术部门的工作,需要各部门、各岗位全员参与,从原则、模式、标准、技术、运营、统筹等角度综合考虑,才能真正建成一个基于数字内容资源集成的安全可靠、用户体验良好的统一销售与服务系统。

表1 大数据下出版企业数字出版平台建设模式

单位性质	内容资源	平台建设模式
大型出版企业	数字内容资源丰富,能够建立数字资源库	自建数字出版平台
中小型出版企业	数字内容资源较少,不具备数字资源库条件	使用第三方数字出版平台

续　表

单位性质	内容资源	平台建设模式
科研院所、期刊、图书馆等	拥有特殊内容资源，数字资源库需通过合作深度挖掘其价值	共建数字出版平台
国外出版机构	拥有一定的数字内容资源，通过中国合作渠道建立数字资源库	共建数字出版平台

据全国新闻出版行业指导委员会所辖院校资料显示，2019年我国共有28所本、专科高校开设了数字出版专业，然而从当前的数字出版人才培养方案来看，普遍呈现的是在编辑出版教学课程的基础上增设部分数字技术课与实践课程，实际的课程结构仍然是以往"公共基础—专业知识—专业拓展"这种老三段的教学模式。由于定位于文科专业，专业课程中一般不设置数学课程，而计算机应用课程多为基本的办公软件操作，对大数据理论知识与大数据应用的学习与训练基本处于空白状态。因此，为满足大数据背景下的数字出版工作要求，需要对专业人才培养方案进行优化。

二、大数据背景下数字出版专业人才培养的策略

（一）强化用户意识，培养互联网思维

随着人们获取信息与阅读习惯的改变，用户意识已经成为数字出版工作的核心意识，要求数字出版工作者时刻关注读者的阅读喜好、对出版物的选择和倾向反馈建议等各类信息，而大数据则为用户意识的建立提供了进一步的技术支撑。用户意识下的出版工作不能再像传统出版时代那样，希望出版者出版什么读者就看什么，而是要转变意识，读者需要看什么才出版什么，并且借助大

数据不断提升用户体验，以质取胜。除了用户意识，数字出版工作的互联网思维还体现在出版内容的快速迭代更新。以网络文学来说，就典型地体现了完全不同于常规的出版流程——先把所有内容写完后再编辑出版，而是写完一个章节迅速上线并收集反馈，然后根据反馈信息进行下一章节内容的撰写，从而牢牢地抓住读者的眼球。

（二）连接"智慧大脑"，掌握知识图谱应用

出版人才的培养，除了对基础理论知识和技术知识的掌握，离不开资深从业者的经验传承，即基于特定知识储备进行决策计算与分析。然而这种"洞察力"的积累受制于个体思维特性、学情基础、知识结构、周边环境等各类影响因素，无法进行大规模的复制式传授，导致优秀出版人才的培养具有相当高的难度。在大数据技术下，知识图谱（Knowledge Graph）将成为数字出版工作的重要生产资料，并且已开始应用于出版领域。知识图谱由谷歌于2012年正式提出，通过挖掘来自结构化、半结构化甚至非结构化数据源的信息并将其整合成知识，不仅能够呈现知识之间的网络结构，而且能展现其语义关系，提供全方位、整体性、关系链的研究参考与决策。知识图谱的应用，相当于给出版从业人员连接上了一个"智慧大脑"（图1），极大地提升了其数据分析相关能力，有助于实现内容创作创新及业务机会发掘，是人工智能背景下数字出版未来转型发展的趋势。

（三）细分读者群体，推动分众出版

受众个性化、差异化的信息需要催生了分众出版的发展趋势。大数据时代以前的分众出版，需要占用额外的印刷资源或网络渠道，流程烦琐，成本高昂，因而发展受限；而大数据背景下的数字出版通过机器学习及用户画像，大大简化了生产与传播流程，降低了

图 1 知识图谱系统架构

出版成本,使分众出版成为可能,不同读者可以在同一个主题下阅读到包括视频、音频等不一样的呈现形式与不一样的内容。大数据及新一代网络信息技术的发展应用,能通过对读者阅读习惯的数据积累与建模来创建用户画像,从而标识特征、细分群体,进而使读者接受到更符合其偏好的数字内容。因此,在大数据时代,数字出版从业者不仅需要按照传统的人口统计学特征如性别、年龄、职业等来细分读者,还要进一步理解各社会群体的需求偏好,并重视个体心理研究学习,从而为其精准匹配适合的数字出版作品。

(四)坚守社会责任,把握正确出版导向

大数据推荐算法应用能紧紧围绕受众的阅读兴趣,分发、推送受众可能感兴趣的各类信息,以提升其阅读率和对应的经济效益。

然而，由于通用的推荐算法设计中并未考虑出版的社会效益，在推送的数字出版内容难免可能夹杂一些虚假的、低俗化的以及过度娱乐化的信息，甚至为博眼球而超越法律道德底线。尽管当下文化产业已经成为国民经济的重要支柱产业，但出版工作终究不能视作纯粹的商业活动，必须在实现社会效益的前提下考虑经济效益，不能本末倒置。2018年，中宣部印发《图书出版单位社会效益评价考核试行办法》，明确规定出版企业要把社会效益放在首位，要求出版人把社会效益、社会责任作为历史使命与价值追求。因此，数字出版从业者在面临利用大数据提升出版能力与经济效益的历史机遇的同时，需要进一步把握正确的出版导向，始终作合格的社会主义核心价值观的传播者。

三、大数据时代数字出版专业人才的培养路径

数字出版是一门近十年才发展起来的新兴专业学科，相比于其他学科，仍是一个较为年轻的专业，专业人才培养体系中仍有许多尚待完善之处。为推动经济发展，全国大规模的基建投资已经启动，其中数字基础建设投资成为重要的板块，大数据背景下的数字出版行业站在了时代的风口，这也向数字出版人才培养工作提出了新的要求。

（一）科学规划大数据应用课程体系

为培养大数据背景下的出版数据挖掘与分析能力，在数字出版专业课程体系中虽然不需要开设包括高等数学、算法基础等数学要求较高的大数据理论类课程，但应将大数据基础、管理信息系统、数据库技术与应用、编程基础等计算机技术课程作为选修课程，同时增设如应用统计学、数据分析、数据可视化、模型设计等数据处理类课程。此外，由于目前尚无专门的出版业大数据应用类

课程相关教材,需要各专业院校整合校内外资源自编校本教材,引入企业相关技术标准,进一步强化对大数据背景下数字出版业务理论与技能的学习,以契合行业前沿发展方向与需求。

（二）多渠道提升大数据师资力量

当前的数字出版师资一般不具备大数据专业功底,除了对现有教学团队进行相关大数据培训外,更重要的是从多渠道补给提升专业师资力量。首先,越来越多的院校已将大数据开设为公共基础课程,并且可以跨专业、跨院系协调安排任课教师授课;其次,积极开展校企合作,聘请企业大数据技术专家成为专业顾问及兼职教师,参与培养方案的制订及对应课程的教学,校内外双方教师在校企合作过程中增加交流学习;此外,设法引进大数据、统计学等相关专业的人才作为专任教师,使其从职称评聘到科研经费的支配都能享受到一定优惠待遇,并优先对接出版类大数据科研项目,为引进和培养的人才创造更大的舞台。

（三）产教融合促进实践教学

大数据背景下的数字出版工作强调应用与创新能力,各院校需要吸引具备优势资源的社会各界力量参与,深化产教融合,多方共同参与人才培养机制及其过程,使学生树立职业思维观念,以实际案例导入具体理论,通过鲜活生动的案例逐步引出理论知识和技能要领,并使技能训练贯穿完整的学习过程。比如在出版物市场调查与预测这门专业课程内容中,虽然涉及大数据分析法的定义介绍,然而在课程的案例与实训中,仍然可设计为问卷调查与访谈;如果能将数字出版企业的真实项目引入教学,使学生从对目标理解、思考分析、数据采集、数据分析到得出结论都能充分地动手操作,并由企业导师进行点评,将对大数据应用能力产生极大的提升效果。

（四）全面推进课程思政建设

大数据背景下的数字出版首先是一个技术问题，但其实质仍是一个思想传播问题。当好大数据背景下的数字出版把关人，需要各院校全面推进课程思政建设，尤其是专业课程应当与我国新时代中国特色社会主义的文化背景相联系，从知名人物、事件、家国情怀等方面出发，把课程置于时代大势及行业发展背景中，根据课程特点渗透思政教育，善于发掘模范人物的先进事迹，在知识点中紧密结合中华优秀传统文化蕴含的思想观念、人文精神、道德规范，润物细无声地引导学生在大数据背景下的数字出版工作中体现正确的价值观。

四、结语

大数据背景下的数字出版迎来了新的机遇和新的挑战，一方面，大数据为出版工作注入了新的技术，通过数据挖掘与分析又一次改变了出版的生产与营销模式；另一方面，大数据也对数字出版人才提出了更高的要求。成事之要，关键在人。我国的数字出版企业及相关专业院校必须在高度重视大数据所带来的行业变革基础上深入思考、开拓创新，更好地培养适应时代发展需求的专业人才。

（原载《新闻世界》2021年第4期）

产教融合背景下数字出版应用型人才社会化培养探究

一、引言

数字技术革命不仅已对传统出版行业造成了巨大的冲击，并且又一次催动专业人才结构的演变。据全国新闻出版职业教育教学指导委员会 2020 年数字出版行业发展调研数据显示，在技术与内容有机结合成为新型数字出版形态的发展趋势下，数字出版企业最需要的是技术制作人才（92.5％），其次是产品设计人才（83.5％），而传统出版所最为注重的内容策划与编辑人才（76.2％）排名第三，体现了当前数字出版行业最紧缺的是专业应用型人才。

表 1　数字出版企业人才需求类别

数字出版企业人才需求类别	比例（％）
技术制作人才	92.5
产品设计人才	83.5
内容策划与编辑人才	76.2

续 表

数字出版企业人才需求类别	比例(%)
资源整合人才	67.5
数据分析/管理人才	61.2
平台/产品运维人才	57.5
市场营销人才	53.8
高端领军人才	38.5
软件开发人才	31.2
综合性管理人才	26.2
版权管理人才	13.7
一般行政人才	7.5

区别于普通高等教育偏重理论知识学习,应用型人才的培养强调在具备扎实理论基础的同时要对接市场需求,掌握专业技能技术并转化为实际生产力,强化通过实践教学促进技能提升。2014年,国家新闻出版广电总局和财政部在联合下发的《关于推动新闻出版业数字化转型升级的指导意见》中指出:"支持出版企业与高校、研究机构联合开展基础人才培养,开展定向培养。支持相关技术企业与高校、研究机构联合开展数字出版业务高级人才培养。"2019年,《国家职业教育改革实施方案》明确提出支持各地调整优化高等教育布局结构,推动高校多样化办学、特色化发展,鼓励产教融合、校企合作,进一步为数字出版应用型人才的培养提供了方向指引与政策支持。

二、当下数字出版专业应用型人才培养中的问题

（一）人才培养数量与层次无法满足行业发展需求

为适应新技术环境下出版产业数字化、信息化、网络化等发展的新要求，数字出版专业人才培养体系逐渐形成。公开数据显示，至2018年我国共有26所本、专科高校开设了数字出版专业，平均招生人数为50.95人。其中招生人数最多的学校为上海出版印刷高等专科学校，2018年面向上海市招生52人，省外招生48人，合计招生90人，而招生范围较窄的院校如曲阜师范大学，2017、2018年均只面向本地（山东省）招生。然而，即便把以上所有院校全部视为培养应用型人才，其培养数量也远远不能满足已达万亿级的数字出版产业的发展需求。包括作为数字出版产业龙头区域的上海，虽然拥有世纪出版集团、阅文集团等行业领先企业，并且成功打造了以张江国家数字出版基地为龙头的数千家数字出版企业的产业集群，但目前只有一所高职院校开设了数字出版专科层次教育，支撑产业发展的专业人才基础极为薄弱，专业布局存在结构性问题。

（二）人才培养方案未契合专业本质

对于数字出版，不能仅仅理解为传统出版的数字化，或者0和1二进制代码的全流程化。数字出版与传统出版本质的不同，在于信息的组织方式、传播方式、生产流程发生了革命性的变革。然而目前数字出版专业课程体系普遍以传统媒体出版课程为基础，进而扩充网页设计、网络编辑、动画制作、音视频处理等与数字出版技能相关的课程。提高学生在多媒体平台上进行编辑运作的能力，是目前高校数字出版相关专业主流的培养方案。这种数字出版专业人才培养方案的实际教学，其课程结构仍然基于传统出版理论的以知识为核心，把数字出版简单理解为是"数字技术＋出

版",未能呈现出数字出版的本质是对传统出版的整体生态性的改变,在人才培养方案、课程设置、教学管理、实习实训等方面缺乏有效的培养策略与方法。

(三)专业技术技能的实践学习质量待提升

当前数字出版专业的实践教学由于学时少,学生在并不复杂的操作中多次重复进行同一个内容直至实训结束,加上以文科基础招收的学生其计算机基础及应用能力较弱等原因,要求学生在短时间内掌握编程方法并实现实训具有一定困难,相当部分学生基本是完全按照教师给的方案照抄一遍当作实践学习,不具备独立完成实训的专业能力。此外,由于相关院校目前执行的课程标准由本校教师制订或以本校教师为主完成,教师缺乏到企业实践的机会,对企业的合作地位认识不足,仅把企业当成学校教学的一个实习场所及师资提供方,企业很难参与人才培养的目标定位及教学质量管理,造成部分课程实训内容不明确,学生在校期间的知识与能力未能得到全面、切实的培养和训练,与实践教学课程的标准要求存在一定差距。

综上,为培养既掌握扎实技术理论知识又同时具备职业岗位工作能力,能熟练从事数字技术应用、数字内容开发、融媒体出版与传播方面的数字出版应用型人才,需要进一步拓展培养思路,创新培养方法,这也是当前人才供给侧结构性改革的重点与难点。

三、人才社会化培养的内涵与优势

人才社会化培养理念来源于社会化生产理论(Socialized Production),是指社会各方共同参与的一种开放式人才培养模式。从广义上,只要是由社会性组织及个体参与的人才培养过程都可以称之为社会化培养,包括企业培训、社会培训、互联网教育、广播电视教育,甚至是家庭教育,由此产生的教育内容、结果都可认为是社会化培养;从狭义上来说,社会化培养是指以高校牵头,充分吸引并发挥具备优势资源的社会各界力量参与,体现产教融合、校企合作的多方参与人才培养机制,从而解决师资力量不足、学生知识结构和能力结构与社会需求脱节的问题。人才社会化培养主要有以下两个主要特征:

首先,培养主体多元化。产教融合不仅仅是学校和行业企业两个主体相互配合联合教学,对于应用型人才培养来说,高校、政府、产业均为培养主体并且有机组合,在传统校企合作基础上组成了"高校—政府—产业"的三螺旋模型(图1),三个培养主体在培养机制与合作过程中相互交叠、渗透,从而减少衔接损耗,充分发挥各自主体优势。从与数字出版相关的培养主体来说,相关高校需要与新闻出版主管部门、区域管理部门、行业优秀数字出版类企业形成人才培养共同体,使专业人才培养与行业发展、区域发展、企业发展紧密结合,在不断交互作用下,产教融合最终形成一种个体独立、相互支持、跨界发展的三螺旋协同创新结构。打破各方边界和界限,不断融合内外部资源,提供机遇共同培养优质专业人才,并进而形成人才反哺,推动数字出版相关企业、行业、区域经济快速发展,实现良性循环。各方在数字出版专业应用型人才培养过程中均扮演着培养主体的角色。为了把握培养目标与方向,相关各方应针对行业与市场发展需要,面向技术发展趋势与热点,做好制订科学合理的培养方案,最终共同组织实施教学计划。

其次,实践学习工作场景化。应用型人才的培养要求更贴近工作岗位,促进大学生向"职业人"的社会角色转变,按照工作岗位角色的需要进行实战综合性学习与锻炼,从而提早适应职场工作环境。因此,在数字出版学习过程中,需要打破常规的以理论为主

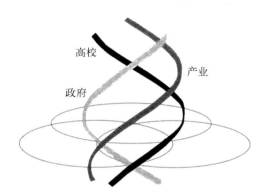

图 1 "高校—政府—产业"三螺旋模型

操作为辅的学习模式,利用校内外实训基地及网络环境,将包括电子书制作、网页交互设计、动画设计、视频拍摄在内的各类数字出版常见真实项目,以实际工作要求标准创设情境教学环境,通过边学边实践完成项目操作,达到相关专业技术能力要求,充分发挥学生的主观能动性。这种工作场景化的学习不局限于课堂式教学模式,而是让学生在校内老师与企业导师的指导下,探索性地学习与互动交流,从而完成指定的工作任务。创设工作场景时,需要注意学习内容与工作内容相对应,并且符合由浅入深的学习规律;在指导示范过程中,要引导学生思考项目完成所需的内容与方法——从"引"到"扶",让学生自己学习并动手,发现问题后通过指导示范使学生从"不会"到"会",逐步达到工作技能要求,在不断实践的项目中完善自身专业能力。

人才社会化培养模式满足了数字新技术新知识不断更新、现代出版传媒产业转型升级对应用型人才的培养要求,以及数字出版专业向多技术综合应用的发展趋势,相较传统的高等教育教学方式,体现出以下优势:

第一,提升了应用型人才的培养能力。聘请校外企业导师是产教融合、校企合作的重要内容,然而由于受外聘待遇不高、社会荣誉感不足、企业支持不力等因素影响,兼职教师队伍中真正优秀的技术专家数量始终未达到理想效果。通过建立人才社会化培养机制,推动企业与行业主管部门、人才供给两端紧密结合,可极大地提高企业及专家人才参与人才培养的意愿,有效提升教师队伍专业技术能力水平,并通过积极开展各类教研活动,促进教师采用或编写最新的技术培训教材,改进教学方式方法,提高教学质量。同时,通过把更多优质社会资源转化为高校育人资源,吸纳更多行业企业积极参与制定人才培养标准、完善培养方案、重构课程体系、加强课程建设、更新教学内容、共建实训基地、实施培养过程、评价培养质量,形成提高人才培养质量的巨大合力。

第二,提高了专业技能的学习效果。人才社会化培养建立了以能力为本位的专业课程体系,提供了体验完整工作过程的学习机会。数字出版工作过程涉及信息处理、内容采编、动画设计、拍摄剪辑、融媒发布等各环节,需要在课程设置及教学安排上密切对应、紧密结合,按照工作过程的技能需要进行对应的理论与实践知识的学习并形成教学顺序,从而得以完整处理工作过程各环节。这种培养方式注重完成工作任务所需的技能的掌握,而不是关注知识的记忆。此外,增强职业意识、提升专业认可度对学生的学习效果也起着重要作用。因此,学校在开设职业生涯和就业指导课程的基础上,可以通过持续邀请企业精英、杰出校友等优秀代表向学生介绍奋斗经历、市场形势等,加深学生对就业前景和成长目标的认识,促使学生从大一开始就了解并时刻关注数字出版行业的发展与变化,从而尽早确定职业方向与目标并为之努力。

第三,促进了人才培养的开放式创新。如何在动态多变的环境下，创造并保持人才培养的竞争优势是数字出版专业院校研究的一个中心议题。行业、企业的发展需要创新，人才培养亦需要创新。在数字出版领域，新技术、新形态更新换代加速，创新能力与创新速度成为专业人才培养制胜的关键。高校受限于师资编制与财政投入，完全依赖自身资源开展创新的"封闭式"模式已经过时，必须善于利用外部资源进行开放式创新（Open Innovation）。作为一种新型创新模式，数字出版应用型人才培养的开放式创新通过社会化合作开发、联盟、众包等方式开展跨界知识、资源集聚，准确把握和实现融媒体时代出版业从单一纸质书出版转型到电子书、有声书、视频、动漫、微电影、影视等多种媒体呈现所带动的生产流程多领域扩展的技术应用能力要求，进而提高人才培养创新绩效。

四、人才社会化培养的实践路径

不论从当前数字出版人才要求还是产教融合政策导向来看，人才社会化培养模式已不再是产业人才发展路径中起辅助作用的"补充项"，多元化结构的培养主体、以专业能力为本位的培养方案与资源配置代表了数字出版应用型人才培养模式的未来发展方向，这就要求相关教育工作者积极应对数字出版人才供给侧结构性改革带来的深刻变革，以推动人才高质量发展，提升人才竞争力。

（一）完善产教融合体制机制建设

要实现人才社会化培养，必须要做好"高校—政府—产业"融合模式的顶层设计，需要重视以下方面的内容：一是发展愿景构建。针对区域经济与数字出版产业发展的长期目标，抓住突破的关键点，有针对性地构建人才队伍建设的发展愿景与各级目标。二是合作理念构建。根据政府、企业、高校各合作方认同的教育价值和理想追求，既能体现先进的教育思想，又能通过奋斗实现，体现切合实际的、具有可操作性的合作思路,从而主动适应区域数字产业转型升级需要。三是出台人才发展体制改革、企业利益保障、校企合作运行规范等一系列制度措施,从经费支持、发展引导、平台搭建、管理制度等方面统筹兼顾,全方位为人才培养提供良好环境,以打造符合中国特色社会主义发展的优秀数字出版专业人才。

(二)优化资源配置,实现协同创新

人才培养离不开人力、财力、物力投入,尤其对于数字出版人才来说,政府、企业、高校各自调动优势资源,加快推动出版产业转型升级及数字技术应用,将为人才发展提供广阔的舞台。在人才社会化培养模式下,各方需要加强规划与管理,提高资源利用效能,实现协同创新。从政府来说,需要大力支持研发数字出版高新技术,规划布局出版业的数字化建设,加快推进5G网络建设,组织实施数字技术产业化专项工程等;对企业来说,需要及时将合适的真实项目作为实训内容,配合高校编写特色实训教材,配备具有丰富经验的技术导师及共建实训学习基地等;对高校来说,要给予社会化培养项目更大的资源配置权和发展空间,在资金、无形资产、人力资产、信息技术资产等方面向优质项目、优质人才聚集。

(三)基于需求导向准确制订培养方案

为适应网络和数字技术以及现代出版和文化创意产业的快速发展现状,数字出版应用型人才培养强调产业需求导向,注重跨界交叉融合,着力寻求产业人才需求增长点,通过产教融合、校企合作指导和推进学科专业设置,准确制订人才培养方案。经对数字出版企业2020年网络招聘数据进行不完全统计,新媒体内容编辑(22.6%)、网页设计制作(17.3%)、销售服务(15.6%)、图像编辑处理(12.6%)、音视频制作(10.4%)占据岗位需求的前五名。因此,在制订人才培养方案时,培养各方需要共同确认以上重点岗位对应的职业能力及素质要求,并据以规划课程、教学内容和学时分配,在系统综合学习基础上,依据学生个性兴趣及学情基础,对部分能力进行重点培养,从而构建专业人才核心竞争力。

(四)战略扶持

能否站上数字科技革命和产业变革的风口,决定着区域与出版业发展的成效。深圳、杭州的成功,很大程度上就得益于始终能在数字产业变革的最前沿捕捉机会,并得益于专业人才的大量培养。在新一轮数字产业发展变革中,人工智能、大数据、云计算、5G、虚拟现实等数字技术应用需求愈发强烈,人才社会化培养模式下的各方需要顺应产业趋势,开放更多产业链应用场景,发挥"数字化+"效应,奋力抢占产业制高点,瞄准培育具有国际国内竞争力的数字出版产业项目与人才,组建产业共同体,实现政府引导下的产业抢先布局且获得相应的政策支持,同时搭建优质项目孵化平台并引导银行机构和创投机构进行对接,以实现优秀专业人才群体跃进,不断积累产业突破的能量。

五、结论

习近平总书记指出,供给侧结构性改革的主攻方向是减少无效供给,扩大有效供给,提高供给结构对需求结构的适应性,为人才供给侧结构性改革明确了方向与思路。人才社会化培养以其更为开放、更加灵活、更能适应出版产业转型发展需要的人才培养特点,促进了数字出版向综合性、多科性的学科交叉渗透的专业发展新格局,并以此推进学科专业设置、建设和发展的具体工作,为数字出版应用型人才培养提供了新思路。

(原载《新闻世界》2021 年第 2 期)

职业教育本科层次数字出版人才培养探索

数字技术革命给传统出版业带来了颠覆性的冲击，同时也对编辑出版人才提出了新的要求，大数据、虚拟现实、网页动画、音视频等数字技术在出版工作中的操作应用能力成为编辑出版人才的必备技能，由此对高校数字出版人才培养目标和专业建设的定位、方向、目标、层次、任务、内容等方面都提出了新的挑战。

据公开信息统计显示，当前我国约有 28 所本、专科高校开设了数字出版专业，为区域经济发展和出版产业转型升级提供专业人才支撑（表1）。2019 年，教育部正式批准本科层次职业教育试点，探索高端技术技能人才的长学制培养。区别于普通本科教育培养学术型人才、高职专科教育培养技术技能型人才，本科层次职业教育培养的是掌握一定的专业理论知识、同时具有较强的技术操作能力的高端技术技能型人才。在教育部职业教育与成人教育司及全国新闻出版职业教育教学指导委员会指导下，以上海出版印刷高等专科学校牵头的一批高职院校正在开展职业本科层次数字出版专业试点准备工作，通过规划建设新的专业体系，积极探索数字出版高端技术技能人才培养模式。

表 1　数字出版专业开设院校与类型

学 校 名 称	类　型	学 校 名 称	类　型
北京印刷学院	本科/硕士	上海理工大学	本科/硕士
武汉大学	本科/硕士	苏州大学	本科/硕士
四川传媒学院	本科	曲阜师范大学	本科
河北传媒学院	本科	西北师范大学	本科
天津科技大学	本科	兰州文理学院	本科
中南大学	本科	西安欧亚学院	本科
金陵科技学院	本科	电子科技大学成都学院	本科
浙江传媒学院	本科	辽宁传媒学院	本科
重庆工商大学融智学院	本科	广西师范大学漓江学院	本科
西北民族大学	本科	深圳职业技术学院	大专
安徽新闻出版职业技术学院	大专	苏州工业园区服务外包职业学院	大专
上海出版印刷高等专科学校	大专	江西传媒职业学院	大专
广东轻工职业技术学院	大专	北京北大方正软件职业技术学院	大专
湖南大众传媒职业技术学院	大专	江苏城市职业学院	大专

一、职业教育本科层次数字出版专业规划建设的重点

规划专业体系及制订培养方案要以满足行业对人才的需求为出发点,深化人才供给侧结构性改革,围绕人才需求,培养人才核

心竞争力。因此,在规划建设职业教育本科层次数字出版专业时要重点体现以下要求:

第一,坚持产业需求的人才培养导向。数字出版专业人才的从业行业与工作岗位范围已不局限于传统出版的领域,在行业方面覆盖了新闻出版、在线教育、影视动画、广告、游戏、互联网、电子商务等行业,核心工作岗位则包括数字内容作品设计与制作、复合型网络编辑、数字终端界面设计与制作、三维模型与动画制作、H5交互内容开发工程师等。由全国新闻出版职业教育教学指导委员会组织的 2020 年数字出版行业发展调研(以下简称调研)数据显示,在技术与内容有机结合成为新型数字出版形态的发展趋势下,数字出版企业最需要的是技术制作人才(92.5%),其次是产品设计人才(83.5%),而传统出版所最为注重的内容策划与编辑人才(76.2%)则排名第三,这为职业本科层次数字出版专业人才培养目标的规划确定了方向(表2)。

表2 数字出版企业人才需求类别与比例

数字出版企业人才需求类别	比例(%)
技术制作人才	92.5
产品设计人才	83.5
内容策划与编辑人才	76.2
资源整合人才	67.5
数据分析/管理人才	61.2
平台/产品运维人才	57.5
市场营销人才	53.8

续　表

数字出版企业人才需求类别	比例(%)
高端领军人才	38.5
软件开发人才	31.2
综合性管理人才	26.2
版权管理人才	13.7
一般行政人才	7.5

第二，坚持产教融合的人才培养方法。党的十九大报告中提出："要完善职业教育和培训体系，深化产教融合、校企合作。"在职业教育与产业协同发展的背景下，深化产教融合、提升校企合作效能是职业教育本科层次数字出版人才培养方法的关键之举。高校通过与数字出版行业领先企业共同办学，完善理论学习与实践学习紧密结合的培养模式，以真实企业项目促进学生技术理论水平与应用能力水平的螺旋式上升，从而培养高端技术技能专业人才，解决人才培养与社会需求衔接难题，并以高层次人才培养反哺行业企业的高质量发展。同时，通过校企各方人、财、物以及无形资产等方面的资源优化配置，使学生在校学习期间能够获得企业的技术知识、生产管理经验及实习岗位。

第三，坚持高层次技术技能的人才培养定位。当前，数字出版高职专科生偏重技术应用学习，但知识深度有所不足，一般较适合从事生产一线的技术操作工作；出版类普通本科生在深度学习编辑、出版、发行等传统出版理论的同时往往忽略数字类技术应用及项目实施能力的培养，造成学生在工作后不能立即学以致用，需要较长的岗位适应时间。而职业教育本科层次的数字出版人才要求理论和实践学习两手同时抓，既要拓宽包括编辑出版和数字技术在内的相关专业理论知识，让学生形成扎实的理论基础，从而让他们有更强的岗位发展能力；同时，通过产学研相结合的道路，让学生具备更强的实践能力及一定的创新能力，体现理论和技术技能并重的培养要求，并将技术员、工程师作为岗位发展目标。

第四，坚持专业能力与素质并重的人才培养规格。习近平总书记就加快职业教育发展提出"树立正确人才观，培育和践行社会主义核心价值观"的重要指示，而对担任社会主义核心价值观传播者或传播把关人角色的数字出版工作者来说，人才培养不仅需要围绕数字出版技术进步、生产方式变革、岗位工作要求培养怀有技术技能专长的劳动者，而且要坚定拥护中国共产党领导，在习近平新时代中国特色社会主义思想指引下，培养工匠精神、创新思维、团队合作和终身学习等职业素养，注重向具有高尚意志品德的优秀出版人学习，向思想深刻的优秀出版作品学习，坚定文化自信，弘扬公益精神，致力于传播中华优秀文化，履行社会责任。

二、职业本科层次数字出版专业规划建设的难点

（一）缺乏本科层次职业教育的成熟经验

从国际范围内来看，本科层次职业教育在西方发达国家已经成了一种常规的办学形态，比如德国富特旺根应用科技大学（Hochschule Furtwangen）的数字出版专业是德国第一个举办并通过 ACQUIN 认证的职业本科层次专业，该专业典型的就业领域包括媒体出版企业、多媒体公司、广告公司、出版社、商业企业的营销部门等，成为德国乃至世界范围内数字出版职业领域的优秀人才培养基地。而我国直到 2019 年第一批 22 所学校开展本科层次职业教育试点，才开始将职业教育层次推向了新的高度，尤其对数

字出版这门新设专业来说,首部高职专业教学标准于 2020 年才正式制订完成,职业教育本科层次的数字出版专业规划建设仍处于探索阶段,最多只能参照国外院校的部分做法,缺乏成熟经验指导。

(二)教师队伍要求的大幅提升

本科层次职业教育明确规定了教师队伍的要求,主要包括全校师生比不低于 1∶18,具有高级职称的专任教师占比不低于 30%,具有研究生学历的专任教师比例不低于 50%,具有博士学位的专任教师比例不低于 15% 等。然而从当前职业院校的师资力量来看,截至 2018 年,我国高职院校师生比约为 1∶25,专任教师仅有不到 50 万人,一方面是学历偏低,具有硕士以上学历的比例不足 20%;另一方面是缺乏企业实践经验,"双师型"教师占比不足 30%,且由于数字出版的互联网技术、数字技术及大数据技术不断发展,行业新模式层出不穷,要求教师知识结构年轻化的同时还要对行业发展具有深刻认识与理解,从而对教师队伍建设提出了严峻挑战。

(三)产教深度融合有待进一步推进

本科层次职业教育不能脱离职业教育最重要的特点与优势——办学的开放性、综合性、灵活性,以吸引行业优秀企业及专业人才积极参与教学培养工作。然而从现状来看,当前校企合作模式在实践过程中运行不够顺畅,实际效能发挥有限。从合作分工角度来看,目前学校通常只负责常规教学工作和一些力所能及的企业服务,一般不负担其他成本;而企业则需要负担各类显性和隐性成本如实训场地设备、原材料、学徒工资,以及日常管理负担增加和生产效率降低等,总体而言,双方之间存在较明显的投入不对等情况。此外,学校的体制属性与管理机制在一定程度上导致了企业处于弱势地位,把企业当成学校教学的一个实习场所与师资提供方,影响了企业合作的积极性。

三、职业本科层次数字出版专业规划原则

（一）对接新职业,服务产业新业态

本科层次职业教育需要顺应新一轮科技革命和产业变革,面向产业发展中的新职业与新业态,实现更高质量、更充分的就业。当前,复合型网络编辑、数媒设计师、UI设计师、H5开发工程师、数字影像创意与设计师等一批数字出版相关的新职业新岗位正在不断涌现。调研显示,在2020年数字出版毕业生就业方向上,数字新媒体公司(28.7%)、数字展示/数字动画公司(17.4%)、网络科技公司(12.2%)占据了前三位,特别值得关注的是数字教育培训公司(9.5%)跃升至第四位,此结果显然与近些年在线教育的迅猛发展直接相关,加上教育行业巨大的市场体量,对数字出版人才的需求甚至超越了公关广告业。因此,在职业本科层次数字出版专业规划中,需要重点关注这些全新的人才需求。

（二）强化实践教学,体现职业教育特点

职业本科层次数字出版专业培养方案应该由开设院校与企业共同制订,需遵循技术技能人才成长规律;在培养计划中,实践教学课时占总课时的比例不低于50%,实验实训项目或任务开出率达到100%。通过实践实训学习,使毕业生了解行业发展趋势、职业发展方向与技术发展应用情况;了解数字出版企业的组织机构、岗位职能及管理制度等相关信息;熟悉数字出版产品的开发流程、生产过程、规范化管理方法;掌握中高端数字出版产品的开发、生产、传播与营销各环节技术以及与服务相关的知识和技能;掌握数字出版相关技术设备与软件平台的使用方法;了解数字出版专业

领域的技术标准、行业的相关政策和法律法规,以及行业技术人员的业务素质要求和职业道德规范要求。

(三)有机衔接职业教育其他层次,推动贯通培养模式

本科层次职业教育的开展解决了我国职业教育局限在专科层次的"断头教育"问题,实现了中职、专科及本科三个职业教育层次的有机衔接,推动了人才培养的便捷、平顺升级。虽然近年来数字出版专业中高职衔接已经在一些院校得以实施,但在贯通培养中却常常呈现简单的学时"形式化升级",既存在包括计算机基础、动画设计、音视频处理等内容范围及难度差异不大的课程重复设置,又存在部分课程缺乏连贯学习导致技术经验断档不能持续提升的现象,没有形成层次性、科学性的整体培养体系。为此,清晰界定职业本科层次与高职层次数字出版人才培养规格间的差异,继而准确制订满足职业教育贯通培养需求的培养计划及教学方案,是职业本科层次数字出版专业规划的重要工作之一。

四、职业教育本科层次数字出版专业建设路径

不论从当前数字出版专业人才需要还是职业教育发展规划来看,职业教育本科层次数字出版专业规划建设必将成为产业人才培养渠道的重要组成部分,从而积极推动数字出版人才供给侧结构性改革,实现复合型专业人才的高质量发展,有效提升人才竞争力。

(一)基于需求导向,准确制订培养方案

按照职业教育本科层次的培养要求,职业教育本科层次数字出版专业将培养具有良好的人文素养、职业道德和创新意识,精益求精的工匠精神,较强的就业创业能力和可持续发展的能力,掌握扎实的数字出版基础知识、基本理论和技术技能,对接产业新业态

与新职业,具有互联网行业所需要的新理念、新知识和新技能,能够从事数字内容加工处理、网络编辑、数字出版物策划与制作、数字化营销运营,职业技术基础理论和实践操作技能兼具的高级技术技能型人才作为目标。同时,在制订具体培养方案时,合作企业深度参与培养方案制订全过程,由校企各方共同确认本科层次人才的目标岗位所对应的职业能力及素质要求,并由此规划课程、教学内容和学时分配。要求通过 4 年全日制学习完成至少 165 学分,实践性教学课时占总课时的 50% 以上,顶岗实习时间不少于 6 个月,从而构建专业人才核心竞争力。

(二)完善体制机制,推动产教融合

产教融合需要学校与企业在达成资源共享、合作共赢的基本共识下,双方在合作之初就明确规定各自的权利、义务和责任边界,做好顶层设计及运行管理安排,以此保障合作的持久性与深入性。在制订体制机制时,需要重视以下方面的内容:一是构建发展愿景。针对产业发展与企业发展的长期目标,抓住人才供给的关键点,有针对性地构建各级发展子目标并努力实现;二是坚持双赢合作理念。根据企业、高校双方认同的教育价值和理想追求,体现切合实际的、具有可操作性的合作思路,并创造合作共赢的各项条件,推动规范化合作;三是出台企业利益保障、合作运行规范等制度措施。从经费支持、平台搭建、管理制度等方面统筹兼顾,正视企业的利益诉求,保障企业获得利益的权利,提高校企双方合作的稳定性。

(三)引入真实项目提升实践学习质量

本科层次职业教育的人才培养方案要由校企合作共同制订,课程内容对接职业标准,将新技术、新工艺、新规范纳入教学标准和教学内容。因此,为进一步提升实践学习质量,在人才培养过程中需要引入真实数字出版项目进行实践教学,由浅入深逐步提升技术应用能力水平。实践学习可以让学生从参与市场调研分析及收集相关的内容资料开始,并随着学习进度不断实践各类数字出版技术,练习真实项目的开发设计,熟悉项目制作流程与标准。学生进行项目实践学习时,由企业导师与高校导师联合负责指导,并选用自编项目实训教材,打破原有的先理论后实践的固定学习顺序,既可以先学习理论知识,再实践项目;也可以先在企业导师指导下实践项目,再学习知识、原理。要构建良好的软硬件实训环境,让学生在工作情境中做中学、学中做,边学边做、边做边学,在长期实践中提升自身专业能力,提高工作岗位的适应能力。

(四)打造高水平教学创新团队

培养高素质技术技能人才,离不开高水平的教师队伍。为有效满足本科层次职业教育的教师要求,除了加大力度招聘高学历、高职称并具有企业工作经历的教师外,更重要的是组织教师与数字出版行业领先企业对接,接受企业的技能培训。院校可以安排教师在数字出版企业的生产和管理岗位兼职或任职、参与企业产品研发和技术创新等,教师在企业实践结束后及时总结,把企业实践收获转化为教学资源。此外,本科层次职业教育还明确规定,来自行业企业一线的兼职教师必须占一定比例,承担专业课教学任务授课课时一般不少于专业课总课时的20%,因此,通过调动校内外教师配合的积极性和主动性,加强校企间教学培养对接,提升专业教学能力。

(五)全面推进课程思政建设,提高立德树人成效

全面推进课程思政建设是我国高等教育教学改革的重要任务,也是高层次数字出版人才培养的必然要求。2020年6月,教育部印发《高等学校课程思政建设指导纲要》,要求"课程思政建设

工作要围绕全面提高人才培养能力这个核心点,在全国所有高校、所有学科专业全面推进,促使课程思政的理念形成广泛共识"。数字出版专业的课程思政,应当紧紧与新时代中国特色社会主义的文化背景相结合,宣传习近平新时代中国特色社会主义思想,把思政元素融入每一门专业课程中,深度挖掘提炼专业知识体系中所蕴含的思想价值和精神内涵,将课程知识点、能力点与我国历史发展与改革开放中模范人物先进事迹、公益精神和社会担当意识等思政元素结合起来。在实践类课程中,注重学思结合、知行合一,增强学生勇于探索的创新精神和善于解决问题的实践能力。

五、结语

职业教育本科层次数字出版专业的开设,积极响应了习近平总书记提出的为党育人、为国育才的号召,将加快培养一大批高素质技术技能人才,有助于服务区域经济发展和数字出版产业转型升级,满足人民群众追求更高层次和更高质量职业教育的愿望,缓解教育不平衡不充分发展的问题,并进一步完善职业教育的层次结构,丰富高等教育内涵,提升职业教育的社会地位和吸引力,为中国出版业数字化转型升级提供"助推器"和"动力源"。

(原载《编辑学刊》2021年第4期)

基于"三螺旋"理论的数字出版技术技能型人才培养机制创新探究

一、引言

数字化转型升级正全面渗透至人类社会的每一个角落，2020年突如其来的新冠肺炎疫情更是加速改变了全球的数字化生活状态，传统线下行业受到极大的冲击，各类在线服务的新增需求迅速出现。为推动经济回暖，全国大规模的基建投资已经启动，数字基础建设投资成为经济发展的重要板块，数字产业迎来了新的历史发展关键时期，亦使从事数字化内容生产与运营的数字出版专业人才迎来了新的挑战与机遇。面对数字化生态新现状及各类数字技术的新运用，专业人才的培养亦需要做出相应的调整，以适应新形势，解决新课题。

二、现状与问题

2019年12月，我国数字出版专业正式开设以来的首部统一教学规范《高等职业学校数字出版专业教学标准》（修订稿）制订完成，规定了高素质技术技能型数字出版人才的培养需要围绕数字出版技术进步、生产方式变革、岗位工作要求，在课程设置、教学方法与培养形式上遵循职业教育和人才成长规律，引导学生积极参与数字出版业务相关的实习实训,不断提高业务技能和岗位技能,强调职业技能与职业素养并重,以适应新时代数字出版人才关于创新能力和专业素质的要求。

对于高素质技术技能型人才培养,党的十九大报告中明确提出了"深化产教融合、校企合作"的重要战略,通过学校和行业企业相互配合、联合教学,达到提升专业人才培养质量的目的,同时增强企业的社会竞争力,推动区域经济稳定、快速发展。然而,随着产教融合、校企合作的广度与深度的不断拓展,联合培养中的合作问题也逐步显现出来,综合最新的相关研究,可以归结如下。

首先,校企双方的根本利益目标存在偏差,往往会导致人才培养质量要求上的偏差。许磊(2019)指出,如果企业看重的只是实习生作为廉价劳动力,学校看重的只是减少教学成本,校企合作易形成放羊式的顶岗实习,无论将学生何时送入企业、送入企业的时间有多长,都很难提高培养质量,甚至会给学生的学习管理带来困难。其次,校企合作利益平衡机制不完善,影响企业参与意愿。万兵(2019)认为,校企合作中学校通常只负责常规教学工作和一些力所能及的企业服务,一般不负担其他成本,而企业则需要负担各类显性和隐性成本如实训场地设备、原材料、学徒工资,以及日常管理负担增加和生产效率降低等,总体而言双方之间存在较明显的投入不对等情况。此外,学校的体制属性与管理机制在一定程度上导致了企业处于弱势地位,制约了校企合作的深化。刘杨、林春英(2019)指出,在校企合作的管理中通常以学校为主,对企业的合作地位认识不足,仅把企业当成学校教学的一个实习场所与师资提供方,企业很难参与人才培养目标定位、教学质量管理,并缺乏明确的问责制度和切实可行的问责方式,缺乏开展长期合作的可行度。

长期以来,我国在产教融合、校企合作培养模式上一直强调以市场化为基本方向,一定程度上形成了一种社会性错觉,似乎只有走纯粹的教育市场化的道路,才能激发校企合作的活力。然而事实上,产教融合作为不同社会属性主体的结合,要整合具有公益性的教育资源与具有经济性的产业资源,推动人才的市场供需对接,绝不意味着政府主体责任的弱化,相反更需要政府的支持和参与。2017年《国务院关于深化产教融合的若干意见》中明确提出:"将产教融合作为促进经济社会协调发展的重要举措,融入经济转型升级各环节,贯穿人才开发全过程,形成政府企业学校行业社会协同推进的工作格局。"因此,推动产教融合深化发展,政府角色绝不能缺位,还要进一步强化政府主体责任,正确发挥职能,形成多方联动、协作共赢的格局。

三、"三螺旋"理论视域下的"产学政融合"模式与特点

"三螺旋"模型理论(Triple Helix Model)是20世纪90年代中期由美国社会学家亨利·埃茨科维兹(Henry Etzkowitz)提出的一种非线性螺旋式的创新模式。在"三螺旋"理论下,政府、产业、高校,因共同目标而产生螺旋式联结关系,三者相互协同、交叉影响,共享共赢。这种"产学政融合"模式不同于政府监管下校企直接对接的产教融合模式,强调了三方主体间的联动、耦合,从而产生螺旋式提升效果,两种模式在运行机制与功能上具有根本性区别(如图1)。

在培养数字产业发展所需人才的目标下,基于"三螺旋"理论所提出的"产学政融合"模式提供了新的数字出版人才培养思路。政府、行业企业、高校三方在各司其职的前提下,充分交互,权变选择合作方式和内容,推进合作深化,共育专业人才。"产学政融合"

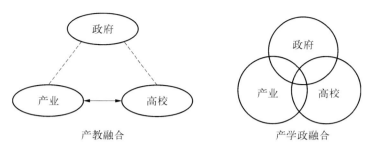

图 1　从"产教融合"模式到"产学政融合"模式

培养模式的优势特点主要体现如下:

首先,推动专业人才供给侧与需求侧对接。人才供给侧通过人才数量、人才能力的演化影响需求侧演化;同时,人才需求侧通过对市场需求和人才需求结构的演化影响供给侧的产出变化,并进而与数字产业发展产生双向调节的作用。政府通过制度的有效协调,促使市场向效率更高、质量更好的形态演进,成为经济可持续增长的重要驱动力。在演化增长的视角下,可持续增长是在供给侧、需求侧以及协调供给与需求的制度侧的协同下演化展开的,它表现为供给结构、需求结构和制度结构的有效匹配与协同升级。在此意义上,政府的参与对人才供给侧与需求侧之间的演化产生系统性的影响,从而推动两者紧密对接。

第二,赋能企业培养与学生学习的双向发展。数字出版是一门实践性强的应用型学科,对专业人才的要求除了相关理论知识外,还应具备较强的实践能力、创意能力、技术应用能力等。因此,为了满足新形势下社会对数字出版人才培养的需求,必须进一步提升企业培养力度,同时促进学生自主学习能力。"产学政融合"模式下,政府、企业、高校三者共同确定长期人才需求目标,一方面强化学生内心自主的意识,充分激发学生的学习潜能,使之成为学习的主导者,按需学习、自主学习,从而实现教与学的方式变革;同时,企业进一步意识到打造遴选适应行业发展及增强企业竞争力的人才平台的重要性,而非简单的教学合作,其作为教育参与者的角色职能转变为寻求企业生存发展的关键工作,从而使企业重建师生关系、教学关系,提高企业对联合培养的重视程度。

第三,助力产教融合深化与长效运行。数字产业作为战略性新兴产业,各级政府应根据各类文件精神,发挥自身政策制定职能,把推进产业转型升级各项扶持政策及国家规定的校企合作优惠措施实实在在地给予到企业与学校。对企业来说,《职业学校校企合作促进办法》中明确指出"企业因接收学生实习所实际发生的合理支出,应依法在计算应纳税所得额时扣除",同时企业可以享受资金扶持、教师编制落实等政策,加强企业参与合作办学的综合效益。对学校来说,教育行政部门、人力资源社会保障部门应当在教育用地、专业设置等方面予以倾斜和支持,鼓励学校主动与数字出版领先企业深度合作,着力提升学校服务数字产业转型升级的能力,把专业建在产业链上,并提高校企合作管理效率,从而建立校企合作深化长效运行机制。

此外,支持创新挖掘增长动力。为加快数字产业发展及数字化转型升级,政府设立了大规模的数字化基础建设投资,支持技术创新和产业创新。"产学政融合"下各方通过设立孵化器,积极倡导知识产业化,高校把新知识从科研领域转向经济领域,并培养高素质专业人才;企业积极参与各类创新项目的培育与辅导,招募高素质技术技能人才;政府扮演积极干预协调者角色,对企业、高校赋予更多合作机会,鼓励组织间的相互作用以激发组织的创新力,积聚学校师生与企业技术人员的创新力量,探索创新之路。

四、数字出版人才培养机制创新的策略与实施路径

当前新一轮科技革命和产业革命正在进行,数字化生态转变为当前经济发展中最为宏大而独特的实践创新,面对亟待解决的数字出版人才培养改革的问题,需要新的方向、新的方案、新的选择。"产学政融合"培养模式是"产教融合"的深化与创新,通过实现生产关系调整从而激发专业人才培养发展的活力,对高素质数字出版技术技能型人才培养工作具有实际操作意义。

(一)重构边界,连接共生

数字出版不仅仅是内容产业,而是与现代商业、服务业、信息产业融合越来越紧密;要抓住数字时代的机会,从事数字出版的企业与开设相关专业的学校就必须判断在哪一个市场边界具有较大的消费规模和发展潜力。与市场主流保持与时俱进,才有可能抓住整个行业快速发展的契机,顺势而为实现企业的突破性发展,同时也带动区域经济、行业和人才需求的发展。作为经济与行业运行发展的引导者与规则制定者,政府参与下的"产学政融合"培养模式,会促使校企双方眼界大开,由此成为数字化领域的领先者。同时,与校企的深度结合,也促使政府获得更多的行业信息、技术趋势及市场反馈,使区域政府能制定更为准确的行业发展规划与目标,从而有针对性地打造技术技能人才的专业核心优势。

同时,互联网技术高速发展,数字化生态的迅速转型,促使产业环境与行业边界处于不断变化中,使得对产业转型升级中因各类因素相互作用而创造出的新机会与新趋势的判断越发困难。在这种困难的背后,存在一个本质性的问题:组织的绩效不再由组织内部的因素约定,而是由围绕在组织外部的因素决定,即使组织内部已经做得非常好,甚至远远领先于同业,但依然无法逃离被淘

汰的可能性。当前,数字出版相关企业、学校与区域政府都处在复杂的产业网络中,政府不仅是经济发展运行的倡导者,同时也要担当好参与者的角色,只有与行业企业及高校共同联合起来形成共生体,群策群力、积极应对、强力推进,才能实现共同发展,进而促进专业人才的需求与培养。

(二)资源优化,协同创新

人才培养离不开人力、财力、物力投入,尤其对于数字出版人才来说,技术应用与技术创新能力是数字产业转型升级成败的关键因素,在"产学政融合"培养模式下,各方需要调动优势资源,科学配置,加强规划与管理,提高资源利用效能。资源优化整合从政府来说,包括大力支持研发数字高新技术,规划布局重点行业的数字化建设,加快推进5G网络建设,组织实施数字技术产业化专项工程,在政策允许范围内支持扶植"产学政融合"项目等;对企业来说,包括将真实项目作为人才实训内容,配备具有丰富经验的人才导师及实训学习环境等;对高校来说,要给"产学政融合"更大的资源配置权和发展空间,在资金、无形资产、人力资产、信息技术资产等方面向优质项目、优质人才聚集。

在资源优化配置的基础上,"产学政融合"培养应立足数字产业发展规划实际,面向数字科技发展前沿,以经济发展需要和市场需求为导向,合理选择数字出版专业人才培养协同创新的重点领域和核心环节。在创新规划协同方面,加强对技术重点领域的研究与应用,加大对产业化共性技术和高科技项目的重视,从而打造专业人才集聚优势。在创新主体协同方面,需要改变以往的高校主导地位,区域政府与企业要紧密把握市场需求,与高校共同开展实行"一站式"深造、"一条龙"培养。在人才协同方面,需有由产业发展规划、技术应用与创新、教学与科研的相关人才共同组建工作组,健全人才管理与激励机制,围绕项目优化配置人才,充分发挥人才作用。

（三）布局前沿,战略扶持

能否站上数字科技革命和产业变革的风口,决定着区域数字经济发展的成效。深圳、杭州的成功,很大程度上就得益于始终能在数字产业变革的最前沿捕捉机会,并得益于专业人才的大量培养。在当前新一轮数字产业发展变革中,人工智能、大数据、云计算、5G、虚拟现实等数字技术应用需求愈发强烈,"产学政融合"培养模式下的各方需要顺应产业趋势,开放更多产业链应用场景,发挥"数字化＋"效应,奋力抢占产业制高点,瞄准培育具有国际国内竞争力的数字出版产业项目与人才,组建产业转型推动共同体,实现政府引导下的产业抢先布局。

在互联网的推动下,数字化发展已不仅是地域性竞争,需要建立全球性先发优势才能获得成功,因此,政府、企业、高校均需深刻认识数字产业发展的紧迫性,加紧高素质技术技能型人才的培养和项目孵化,从政策上和行动上把握这一历史机遇。这其中,"产学政融合"下的各方联合金融机构及科技中介等主体,共同设立产学研孵化器是对高素质人才培养进行战略扶持的重要实践模式。在孵化器运作过程中,高校与企业共同负责项目引入、人才输送、项目辅导与技术研发应用,政府在政策方面给予相应的支持,并引导银行机构和创投机构与平台对接,搭建优质项目孵化平台。通过该平台上的各类项目创新,实现对优秀人才的选拔,群体跃进,不断积累产业突破的能量。

（四）顶层设计,强化保障

要实现数字出版技术技能型人才队伍的高质量发展,政府、企业、高校需要共同做好"产学政融合"模式的顶层设计,需要重视以下方面的内容：一是发展愿景构建。针对区域经济与产业发展的长期目标，抓住突破的关键点，有针对性地构建"产学政"模式的发展愿景与各级目标。二是合作理念构建。根据政府、企业、高校各合作方认同的教育价值和理想追求，既能体现先进的教育思想，又能通过奋斗实现，体现切合实际的、具有可操作性的合作思路，以主动适应区域数字产业转型升级需要。三是特色专长构建。数字出版工作涉及专业技术知识面广，不仅需要具备网络信息采集编辑能力，还要具备图像处理、音视频制作、界面设计、虚拟现实制作等技术应用能力，因此在系统综合学习基础上，各方需要依据产业发展规划方向，对部分能力进行重点培养，从而构建专业人才核心竞争力。

同时，"产学政融合"模式的健康发展离不开相关的法律和相应的规章的保障。德国"双元制"是由国家立法支持的校企合作办学制度，在法律基础之上建立了一系列的法规，明确了企业和学校各自应承担的教学实践任务与师资安排；加拿大政府则通过立法规定了由行业所设立的人才资格体系认证标准，同时规定了人才培养体系中政府、行业企业、培养机构各自应承担的职责。因此，参考国外的先进经验，使我国的"产学政融合"模式能够沿着良性的轨道向前发展，需要出台人才发展体制改革、企业利益保障、校企合作运行规范等一系列制度措施，从经费支持、发展引导、平台搭建、管理制度等方面统筹兼顾，全方位地为人才培养提供良好环境，以打造符合中国特色社会主义发展的优秀数字出版专业人才。

五、结论

习近平总书记始终强调，人才是第一资源。数字产业发展离不开高素质数字出版技术技能型人才的培养，新的信息技术、数字技术的应用不断为数字出版工作注入新的活力,促进产业结构进一步调整升级,所带来的挑战与机遇要求数字出版人才培养模式不断做出相应调整。基于"三螺旋"理论的"产学政融合"培养模式,是对传统产教融合模式的深化,通过政府、企业、高校共同参与人才培养,提升协同育人的总体效能,旨在培养出更多的优秀专业人才,以契合区域经济与数字产业发展需求。

(原载《科技和产业》2020 年第 9 期)

高职院校数字出版专业人才
能力层次结构探究

一、引言

根据《教育部办公厅关于做好〈高等职业学校专业教学标准〉修（制）订工作的通知》的要求和安排，我国数字出版专业教育正式开设以来首部统一教学规范《高等职业学校数字出版专业教学标准》（以下简称《标准》）的制订于2018年10月正式启动，经过近一年时间的组织开展相关调研、修订、起草和内部审定工作，2019年9月专家组形成了调研报告、《标准》草稿及《标准》制订说明，并向新闻出版行业职业教育教学指导委员会申请审定验收。

为适应新技术环境下出版产业数字化、信息化、网络化等发展的新要求，2010年，上海出版印刷高等专科学校率先在全国高职院校中开设数字出版专业，目前开设数字出版专业的其他高职院校主要包括安徽新闻出版职业技术学院、广东轻工职业技术学院、湖南大众传媒职业技术学院、江西传媒职业学院等近10所院校，2018年高职院校数字出版专业年度招生总人数近500人。然而在本次《标准》制订调研中发现，各高职院校数字出版专业在人才培养的能力层次要求上存在着较大的差异性，造成各院校的人才培养目标、专业定位、核心课程设置、教学与实训安排缺乏统一的规范，亟待标准化建设。

二、现状与问题

高职院校将高素质技能型人才作为培养目标，尤其强调了对技术应用能力的培养要求。当前，高职院校数字出版专业在制定专业培养方案的时候，对数字出版相关能力的界定普遍包含了语言文字表达能力、数字出版物策划和框架结构设计能力、界面设计能力、信息采集与编辑能力、版面设计与排版能力、网站网页制作与更新能力、美术设计能力、多媒体产品加工制作能力、摄影与图片处理能力、编辑与办公软件使用能力、互联网/移动互联网推广能力等。

人才能力的确定对课程设置与教学安排具有直接的影响。当前高职院校数字出版专业有的基于出版专业基础课程模块，在着重培养学生的出版素养的基础上，通过加载网络编辑、网络书店操作、电子书制作与传播、网页设计与网站管理、自助出版等数字出版相关技术课程，打造数字出版教学模块。还有的院校为了体现数字技术和出版专业的交叉性，将传统出版理论类课程如出版学基础、编辑理论、出版物营销等以及数字技术与信息管理类基础课程如计算机基础、软件工程、信息组织与检索等一并纳入"平台类课程"，并通过设置面向各种新型数字出版业务如电子书、数字报刊、网络游戏、数字动漫等的"模块课程"，打造教学培养方案。因此，以传统出版课程为基本体系，进而直接扩充或在此基础上增加数字技术理论与新媒体应用等与数字出版技能相关的课程，提高学生在多媒体平台上进行编辑运作的能力是目前高职院校数字出版专业主流的培养方案。

然而这种数字出版专业人才培养方案已越来越受到质疑，有学者指出这是一种简单的"新老结构叠加"或者"新葫芦里卖老药"的模式,只是在原本编辑出版教学课程的基础上增设了部分数字技术课与实践课程,实际教学课程结构仍然是以往的"公共基础—专业知识—专业拓展"这种老三段的教学模式。对企业来说,由于数字出版是新兴行业,其内部也处在一个摸索前进的状态,出自传统型出版教育体制下的学生缺乏对数字出版的深刻理解与相应技能,所以先天不足,企业也没有过多的资源去对已经成型的传统或数字出版人才进行重塑和教育,导致企业的人才接纳力不足,而毕业生学非所用,人才流失浪费。

能力是完成目标或者任务所体现出来的综合素质,其结构问题是现代心理学中一个非常重要的研究课题。梳理能力因素的结构对于深入理解能力的内涵与特征、准确测量与评价能力的标准、科学地制订能力培养的策略与方法都具有重要的意义。

作为《标准》制订专家组主要负责成员,笔者基于相关调研情况,结合数字出版专业相关的企业需求与高职院校现状,对当前高职院校数字出版专业人才能力层次结构进行归纳与分析,以期为我国各高职院校数字出版专业制订适合行业发展需求的人才培养方案提供一定的参考。

三、高职院校数字出版专业人才能力层次结构分析与培养

依据本次《标准》制订要求,我们对北京、上海、广东、南京、无锡、镇江等地区的数字出版企业,包括国有企业12家、民营企业48家、合资企业12家、事业单位10家的相关负责人进行了面对面及在线访谈,共回收有效调研问卷80份,经整理,获得数字出版企业对高职院校毕业生的能力需求如下:

能力类别细项	选择比例	图表展示
互联网思维/用户思维能力	86.0	
产品设计/开发能力	69.8	
选题/策划能力	62.8	
视觉审美能力	58.1	
PPT制作/展示/讲解能力	58.1	
信息获取/编辑能力	55.8	
系统分析能力	51.2	
文案写作/图文编辑能力	48.8	
技术/需求类文档撰写能力	44.2	
模型类封装能力	16.3	
数据分析/挖掘能力	11.6	
创意设计能力	2.3	
视频编导拍摄	2.3	

图1 数字出版企业对高职院校毕业生的能力需求

英国心理学家弗农于20世纪60年代在斯皮尔曼的"能力二因素说"基础上提出了能力的层次结构理论。该理论指出能力的组成具有层次等级，最高层次是一般因素，是每一种活动都需要的、所谓一个人"聪明"或"愚笨"的因素；其次是"言语-教育能力"和"操作-机械能力"两大因素群；第三层是小因素群，如"言语-教育能力"又可分为言语因素、数量因素等；最后是特殊因素，特殊因素因人而异，与各种具体能力如操作能力、言语能力等相对应，每一个具体的特殊因素对应一个特定的能力活动，并完成该活动。

基于以上人才能力需求调研及能力层次结构理论，可对高职院校数字出版专业人才能力进行四级分解，得出对应的能力层次结构模型如下：

数字化相对于传统出版是一种整体生态性的改变，数字出版与传统出版存在着本质性的区别。"对于数字出版的理解不能仅仅理解为传统出版的数字化，或者0和1二进制代码的全流程化。

高职院校数字出版专业人才能力层次结构探究

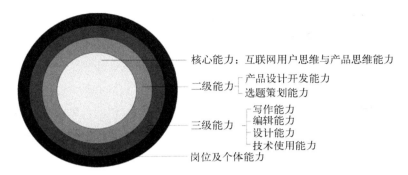

图 2　高职院校数字出版专业人才能力层次结构模型

数字出版与传统出版本质性的不同在于信息的组织方式、传播方式、生产流程发生了革命性的变革。"因此,作为一种全新的数字化互联网产品,数字出版从根本上改变了传统出版的思维与模式,高职院校在数字出版专业人才培养过程中如果仍然以传统出版理论知识为核心基础,通过补充各类数字化技术知识从而期望培养出适合数字出版岗位与发展趋势的合格人才显然是不现实的,而是必须基于数字化的信息生产、传播、营销全过程,在数字出版专业的人才培养方案、课程设置、教学管理、实习实训等培养策略与方法上做出整体性的变革。

从传统出版的"编辑主导"时代进入数字出版的"消费者主导"时代,出版企业通过增加出版物的数量来实现增长显然不可取,必须采用"优先化措施"即按照出版价值判断进行优先排序,此时处于强势地位的是用户而不是出版企业。出版企业判断出版价值的传统方式主要包括:第一,依靠编辑阅读方案或者稿件形成个人喜好的判断;第二,参考作者过去的记录;第三,和其他同类成功参照物进行比较。但从某种意义上来说,每个新的出版物都是唯一的,其未来的销量严格来说都是未知的,出版企业需要想方设法降低这种不确定性。互联网时代,数字化技术使出版企业能够"连接用户",以大数据精准构建用户画像,创造精准的销售场景。因此,数字出版工作必须要以用户为核心,找到用户的认同感,发现用户需求,进而实现开发与生产。

因此,高职院校在培养数字出版人才的核心能力,即互联网用户思维及产品思维能力时,需要使学生学习以用户为中心思考问题,从用户需求出发去探寻解决用户痛点的创意,创造产品竞争优势。用户思维是互联网思维的核心,产品思维则是互联网思维的基础,两者缺一不可。在核心课程设置中,需要包括数字出版物设计与制作、数字出版物界面艺术设计、数字音视频编辑制作、数字摄影与后期、微视频创意与制作等当前数字出版主流形式与技术;同时,在教学过程中要指导学生调研传播效果,开阔眼界,多观察、多体验各类数字出版产品,小到对自媒体的关注,大到对国内外知名数字出版平台与全媒体平台的体验,并且鼓励学生多实践、多创新,积极参与数字出版产品的制作和传播,并能寻找数据并加以分析,检验传播效果,把研究结论应用于数字出版过程。

在培养二级能力即数字出版产品设计开发能力与选题策划能力方面,学校对应的课程设置可包括移动应用设计、程序应用设计、虚拟展示仿真设计、出版选题策划、全媒体出版策划等内容。通过这些课程的学习,培养学生具备一定的市场意识、开拓创新意识和策划能力,能结合具体内容特点进行较简单的数字出版框架结构设计和界面形式设计,能够从产品开发策划、选题策划角度学习创作和生产满足用户需求、提升用户体验、实现用户个性化要求、增强用户体验的数字出版产品。

数字出版专业人才的三级能力包括写作能力、编辑能力、设计能力与技术使用能力,对应的课程设置可包括新闻采访与写作、语言文字规范、网络编辑实务、数字出版物编辑、版面设计实务、美术设计基础、版面设计基础、模型设计与制作、交互设计基础、网页制作与网站建设、网页动画制作、数据库技术应用等。同时，这些能力的培养除了在正常的课程教学中学习外，还必须在实习实训中进行实战强化，从以"教"为中心的教学模式转换到以"学"为中心的全新的教学模式，进一步突出"以生为本"的人才培养模式。

在培养岗位及个体能力方面，基于校企合作联合培养及订单式培养模式，学生可以通过目标性的岗位实践，对数字出版企业的岗位要求和未来发展有客观的认识与了解，进而努力提高自己的岗位专业能力和个人职业素养，避免了学习时散漫、无目标的状态和对工作兴趣低的问题，从而实现人才培养与社会需求的无缝对接。此外，基于校企合作，企业可以深度参与数字出版专业建设、教学管理与培养方案规划全过程，实现"人尽其才、才尽其用"，达到提高教学质量、提升教学效率的效果。

四、结论

习近平总书记就加快职业教育发展提出树立正确人才观，培育和践行社会主义核心价值观，着力提高人才培养质量，弘扬劳动光荣、技能宝贵、创造伟大的时代风尚，营造人人皆可成才、人人尽展其才的良好环境，努力培养数以亿计的高素质劳动者和技术技能人才的重要指示。高职院校必须制定准确的人才培养方案，才能培育社会所需要的高素质技术技能人才。

数字出版专业发展至今将近 10 年，与其他专业相比仍较为年轻，其教学设计、培养体系中仍有许多尚待完善之处。数字出版专业能力培养不能仅仅是出版专业课程与数字技术课程的简单相加，专业人才能力层次结构的确定，为我国高职院校数字出版人才培养的课程内容设置、教学优先级安排、实验室设置、实训教学计划制订、导师配备、实训基地选择、产教融合内容设置等教学培养规划提供了有价值的参考依据及新的研究思路。

（原载《中国编辑》2020 年第 7 期）

数字出版人才培养敏捷式
教学模式探究

一、引言

2020年,一场突如其来的新冠肺炎疫情骤然改变了全世界人们的生活方式,传统线下行业受到极大的冲击,各类在线服务的新增需求迅速出现,尤其随着人们因为疫情期间在家里主动或被动地适应数字化生活,电商、资讯、短视频、游戏、线上教育、线上公共服务等领域出现井喷的势头。从某种意义上来说,此次疫情加速着现有社会运行、工作方式、生活方式的数字化革新。数字化、线上化的转型升级正全面渗透至人类社会的每一个角落。

为推动经济回暖,全国大规模的基建投资已经启动,其中数字基础建设投资成为重要的板块,亦使从事数字化内容生产与运营的数字出版人才迎来了新的挑战与机遇。新形势带来新课题,数字出版人才需要面对数字化生态新现状和各类数字技术的新运用,以及迅速升级更新专业知识能力的问题,从而对开设数字出版相关专业的各高校在人才培养方法上提出了新要求。

二、现状与需求

2019年12月,我国数字出版专业正式开设以来的首部统一教学规范《高等职业学校数字出版专业教学标准》(修订稿)制订完成,明确了当前我国数字出版人才培养的专业能力要求,规定将信息采集、数字化加工、数字化发布作为基本核心能力,并通过加入融媒体出版、移动应用设计、大数据分析、虚拟展示仿真等行业最新发展需求的相关技术课程,以及对数字摄影与图片处理、音视频编辑制作、网页制作等专业课程内容进行更新,进一步提升专业技术应用能力。同时,各高校通过每年制订一次下一年度的人才培养方案,在国家标准的基础上,根据职业面向与职业能力要求,进一步细化教学安排,对课程设置、实践实训与学时分配做出明确规定。

日新月异的数字技术与突变的社会状况对数字出版人才在以下方面提出了新的能力需求:第一,资源连接能力。连接资源、合作共赢已成为推动社会与经济发展的必然趋势,从国家层面来看,区域一体化发展已上升为国家战略,通过协同发展激发动力,推动整体经济迈入高质量发展。从企业层面来看,资源整合能力是企业实现商业模式创新和构建持续竞争优势的重要因素。从更微观的数字出版工作层面来说,靠单一技术或内容的突破已越来越难于产生直接的商业效益,并且抗风险能力较弱;只有将各类主体与资源有效连接在一起构建和创新商业模式并有效协同,才能实现突破性的发展创新。第二,互联网思维能力。互联网时代,数字化技术使传播者能够连接用户,以大数据精准构建用户画像,创造精准的销售场景。因此,数字出版工作必须要以用户为核心,找到用户的认同感,发现用户需求,进而实现信息生产与传播。此外,数据分析是互联网时代科学决策与管理的基础,因此在数字出版传播过程中要注意获取各类数据,分析检验传播效果,从而总结出规律与方法。第三,融媒体叙事能力。融媒体传播的根本目的是要讲好故事,小到讲好个人故事、产品故事,大到讲好中国故事。因此,融媒体传播需要在多个层面展开,绝不仅仅是简单把同一个内容形态放到各个媒介平台上,还必须提升融媒体叙事能力以取得良好的传播效果。这需要传播者从对媒介的定位特征到内容的创作流程,再到对受众的传播方式,每一个环节都有本质上的变化。第四,群体认知沟通能力。针对可能成为下一波互联网人口红利的老年群体来说,需要通过分析老年人的认知特性和需求层次,创建老年人专用的使用模式。此外,青少年群体作为重要的目标用户市场,数字出版工作要重视该群体的认知影响与使用习惯,既要避免出现"小学生集体玩坏钉钉"的事件,同时又必须遵循相关法律法规,自觉履行社会责任。

不断涌现的数字出版相关专业能力要求的背后,是受众阅读习惯、兴趣热点的不断变化导致的数字出版产品形态、产品内容、营销方式不断发生转变。这些转变是数字化进程的加速,而数字化的进程,参照发展历史及规律来看,又从来都是不可逆转的。各高校需要在人才培养方案的基础上,打破传统的课程教学方法,采取更灵活的教学模式,使学生在专业能力的培养方面更符合数字出版快速变化的发展要求。

三、敏捷式教学模式的理念与特征

敏捷理念(Agile Concept)在 20 世纪 90 年代中期作为软件开发项目管理思路而出现,聚焦于人、沟通、产品、灵活性。开发团队通过并行、迭代,不断更新可交付产品,并随着开发与运行,项目团队不断更新产品细节,创造出更符合客户实际需求的更加完美的产品。敏捷式项目管理侧重于实施,而非侧重于计划和控制,强调把握重点、迅速见效,并不断进行迭代调整,避免了从规划到实施过程中的更新及时性不足的问题,两种项目管理理念存在根本性区别(图1)。

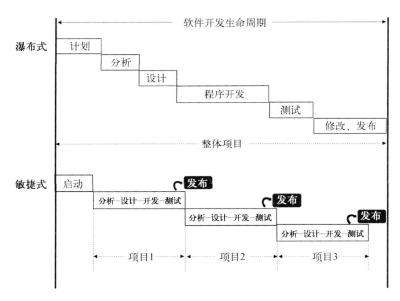

图1 敏捷式管理理念与传统瀑布式项目管理理念对比

自2001年以来,敏捷理念从软件开发管理快速扩展至其他各领域。在教育领域,敏捷式教学(Agile Education)的新模式也被提出并开始逐步应用。敏捷式教学是以学生发展为中心,以实现学生知识学习和能力提升为目标,具有高度灵活性和动态适应性的一种教学新形态。

在教学管理与实施中,敏捷式教学在计划、组织、执行、协调与控制等方面,都与传统教学模式存在显著差异(表1)。

表 1 敏捷式教学模式与传统教学模式对比

	工作内容	传统教学模式	敏捷式教学模式
1	计划	预先周密安排课程体系与教学方法	按市场需求不断更新教学内容与教学方法
2	组织	一门课程由一位教师负责	项目型、矩阵型的教学团队
3	执行	先理论后操作教学	以生为本,工作场景式教学
4	协调	依照学校师资与实训基地资源调配	动态管理,校企协同
5	控制	复杂漫长的变更控制流程	按市场变化及时适应变更

传统教学模式本质上是一种瀑布式的项目管理与实施,教研部门先制订教学计划,教师按课程分配按部就班地完成教学任务,教学进程需要前一阶段完成之后才进入下一阶段。在教学方法上,传统的教学形式都是先从理论知识基础开始学习,这种教学模式往往从一开始就极大地打击了学生对学习的兴趣,在理论学习完成之后的剩余有限课时内,学生对知识的灵活应用、对技能的精益求精与市场接受的探索无法得知。这个过程是按照一个固定的教学流程,制订尽可能细的计划,并据此开展教学工作,但效果往往不尽如人意。

敏捷式教学侧重于对专业技能的快速掌握,而非通过长期教学计划进行教学管理。专业技能培养需求提出后,通过组建敏捷教学团队共同完成任务,专业技能的教学负责人负责完善和明确教学目标,与团队成员一起推动教学项目的实施开展。在教学培养过程中,敏捷教学团队通过并行工作,不断更新教学内容与教学方法,从而不断更新教学计划与培养方案。同时,随着教学的不断深入与市场化实践,团队对专业技能的认识不断加深,教学方法不断优化,并制订出更符合市场实际需求的教学方案。

不难看出,与传统教学模式相比,敏捷式教学的特点主要有:首先,快速、灵活组织教学资源,促进教学内容与环节的快速交替迭代和精准协同优化;其次,以学生发展为中心,将理论、技术和实践教学交叉并行和快速重构,实现学生知识学习和能力提升的多轮迭代;此外,通过教育资源的高效协同,包括不同高校教学资源协同、产学合作教学协同、网络教学资源协同等,促进学生知识快速更新,实现交叉协同教学。因而,对于对专业能力具有快速升级更新需求的数字出版人才培养工作来说,敏捷式教学模式具有实际的操作指导意义。

四、数字出版人才培养的敏捷式教学实施路径

(一)跨界联合,组建项目式教学团队

数字出版不仅仅是内容产业,而是与现代商业、服务业、信息产业融合越来越紧密,这就要求做好内容的同时,也要尝试以各种形态与新媒体融合,以适应新媒介的传播特性,从而更好地符合商业需求与受众心理,顺应时代潮流。

因此,数字出版敏捷教学团队需要依据专业能力培养需要,跨界寻找优质师资以完成教学项目。如组建视频编辑制作教学团队时,可以请视频制作教师负责传授制作方法与技巧、视频平台教师负责传授市场趋势与平台分发规则、视频经纪人负责传授市场营销方法、艺术教师则负责传授模特相关知识等。这样教学团队可以消除单个教师由于在专业不同的功能知识点之间转换而产生的知识水平相对不足问题,并且使学生对关键的知识点掌握得更加清晰。敏捷教学团队定期集中办公,课程负责人与团队成员相互

间直接沟通、鼓励协作，及时解决教学内容边界的模糊和不确定性。同时，课程负责人可以实时响应教学团队的问题，消除理解偏差，保障教学工作顺利进行，确保教学团队能够实现教学成效最大化。

在师资力量有限的情况下，数字出版敏捷教学团队可以实行动态管理，充分开发高层次人才资源并使其发挥作用。理顺高层次人才团队管理机制问题，有效激发高层次人才的工作动力，应以目标为导向，以教学成果为标准，建立高层次人才动态管理与考核系统。教学项目参与教师应在对教学目标达成统一认识的前提下，共同打造一个适应专业能力培养的教学管理平台，使高校教师与相关企业外聘教师参与到不同阶段的教学工作中，既有利于学生的专业能力培养，同时也使参与敏捷教学团队的教师们处于更加良好的交流环境，相互取长补短，彼此的教学能力与专业能力也由此得以提高，并按照取得的成果获得对应的激励。敏捷教学团队作为一个整体，团队各成员不仅需要专业能力过硬，同时还要具备合作沟通能力，以及一定的自我组织和管理能力，能共同面对教学任务并对效果负责。

（二）协同创新，优化教学规划

敏捷式教学是一种合作化教学方式，有效的合作意味着高效率、高质量地共同工作。合作型组织需要消除组织内部的不恰当障碍，通过有效地挖掘组织成员的能力，提高员工和部门间的协同绩效。基于资源共享理念发展而来的敏捷式教学协同创新，是将各个创新主体要素进行系统优化、合作创新的过程，帮助教学组织进行多元化的资源交流，为自身的发展和创新提供必要的资源保障。这种模式优化了各种资源的利用，通过协同使创新变得更加容易，而不再仅仅依靠各自单独的能力发挥。

以虚拟现实(Virtual Reality,缩写为 VR)课程教学项目为例,普通高校在教学方案设计分析、教学过程与学生实验过程中,都未考虑这一技术的场景化使用的特殊性及验证,导致这一课程内容只有简单的技术应用而未涉及实用性。暨南大学在 VR 教学项目启动前,教学团队由来自学校教师、VR 企业技术主管、博物馆信息化负责人共同组建,各方在课程负责人与团队教师充分交流沟通的基础上,共同确定了教学需求的优先级,并对需求的优先级内容进行排序,从而制定了以创建 VR 在博物馆场景中的应用作为贯穿课程教学全过程的策略。同时,校方投入了各类 VR 设备与实验室,博物馆开放部分场景作为应用试点,VR 企业投入具体实施操作团队,使该课程在全国同类课程教学效果中取得了良好的示范效应。

数字出版教学过程需要确保始终关注教学目标高优先级的需求,解读和细化课程特性与教学方法,在教学过程中通过学习反馈情况不断更新教学内容,保证现有产品新开发的特性目标满足高优先级的需求。敏捷式教学通过对人、财、物以及无形资产等方面的优化配置,以团队共同确定的教学目标进行精细的教学规划安排,将资源投入产出的综合评价,以及资源的配置、可能出现的问题统一考虑,使资源配置目标一致,使资源配置风险的预测与控制一致,从而达到团队的优势资源合理地流动并实现配置的优化。因此,通过协同创新,敏捷式教学方法能够提供更大的灵活性,同时也能获得更优的教学效果。

(三)案例教学,强化专业知识应用

为了进一步突出"以生为本"的人才培养模式,必须加强产教深度融合,在人才需求侧(企业方)与供给侧(学校方)实现联合培养,推动专业建设、学生就业、产学研合作及社会服务全方位发展。

可通过校企合作,采用案例教学,企业将行业经验、工作岗位、生产工艺、经营管理等资源注入教学过程,形成数字出版人才专业能力的职业化、实用化培养。

以数字课件和超媒体图书制作教学为例,上海出版印刷高等专科学校通过与睿泰数字出版集团联合创建数字产业学院,依据睿泰集团已有的上千个数字出版案例进行教学,其中不仅有较简单的线下图书数字化制作,也有世界一流企业的大型数字出版项目,从而实现能力的逐级深入培养。同时,学生顶岗实习全部为真实工作项目,学生在企业工作环境中实现实习实训与订单式培养。案例教学使该校的数字出版专业在订单班开设、学生实习实训、促进学生就业、师资培训、特色课程体系打造、科研建设、行业活动组织、竞赛培养、双创建设及项目孵化等方面取得了全面提升的成效。

案例教学的课程规划、师资安排、培养计划等方面均需在学校与企业达成一致共识的基础上制订,共建师资队伍与实训基地,共享教育资源及教学成果。在案例教学过程中,校企双方尤其要依据本身的优势确定各自的工作重点。一般来说,学校方的教学重点为基础理论知识、思维逻辑能力的教学;企业方的重点为学生应用实践能力、职业技能能力、就业机会与行业知识等内容。

(四)建设教学资源库,促进自主学习与终身学习

数字出版专业知识的不断快速升级更新,对人才自身的学习能力提出了更高的要求。学习能力是由引发个体内部心理活动和实现外部实践活动的各要素统一构成,并通过人们的学习活动得以形成和发展。自主学习与终身学习多发生在工作、家庭等日常生活情境中,以非正式学习形式开展,与学校正式学习情境存在一定差异。这种非正式学习不再通过正规传授方式获得,而是通过

自主获取方式,从经验与资源中主动学习知识。因而,建设高水平的教学资源库,有利于人才提升自主学习与终身学习的能力。

秉持"构建新的教学模式,提高教学质量,提升教学效率"的教学资源库建设基本理念,开设数字出版专业的各高校应在已经取得的国家级、省市级重点专业课程基础上,以开发专业精品课程为核心,联合数字出版行业大型企业与特色企业建立包含教学标准、教学内容、实验实训、教学指导、学习评价、社会服务等教学资源的共享平台。建设过程中,逐步建成基础教学资源库、多媒体资源库、仿真实训资源库、行业资源管理库、自主学习检测资源库、创新实践资源库和社会服务资源库等子项目,并不断更新完善。此外,各数字出版教学资源库还可以探索互联互通,突出优势项目建设,一方面激发学生自主学习的动力,提高自我管理、自主学习的意识;另一方面有助于教师减轻繁重的教学任务,及时学习行业新知识、新技术,进而创新教育思路和方法以提升学生学习效果,从以"教"为中心的教学模式转换到以"学"为中心的全新的教学模式。

数字出版工作需要专业人才对专业能力进行长期学习与锻炼,而自主学习与终身学习文化的形成、机会与条件的创造,是数字出版人才培养的重要策略。教学资源库的建设,将学习实践内容长期化、深入化,在校企各方的努力下开发出满足学生职业能力提升和企业发展需求的教学内容与学习方法,根据时代特征不断完善知识结构,有助于打造符合中国特色社会主义发展的优秀数字出版专业人才。

五、结论

综上所述,敏捷式教学模式能够有效提升教学方法的灵活性与教学效果的导向性,快速高效地培养专业能力,是数字出版人才培养教学改革的可行方向之一。《2018—2019中国数字出版产业年度报告》数据显示,2018年国内数字出版产业收入规模已达8 330.78亿元,且正处于快速增长期,产业发展趋势越发清晰。新的信息技术、数字技术的应用还将为数字出版产业注入新的活力,将促进产业结构进一步调整升级,并打破不同领域之间的融合壁垒,媒介融合、业态复合将成为必然趋势,所带来的挑战与机遇要求各高校对数字出版人才培养不断做出相应调整,使数字出版人才更加契合产业发展需求。

(原载《新闻世界》2020年第5期)

基于胜任力模型的数字出版
人才培养优化探究

一、引言

为适应新技术环境下出版产业数字化、信息化、网络化等发展的新要求,2008年,北京印刷学院开设了传播学专业数字出版方向,可看作国内数字出版专业教育的先导。2010年,上海出版印刷高等专科学校率先在全国正式开设数字出版专业。据公开信息统计,目前我国已有24所本专科高校开设数字出版专业,数字出版专业人才培养体系逐渐形成。

数字出版不能仅仅理解为传统出版方式的数字化,相较于传统出版,数字出版在信息的组织方式、传播方式、生产流程上都发生了颠覆性的改变,两者具有本质性的差异。因此,数字出版专业人才培养需要在课程设置、教学管理、实习实训等方面都进行突破与创新,而不是简单地在传统出版专业基础上增设部分数字技术课程与实践课程而已。

二、问题的提出

为制订我国数字出版专业正式开设以来的首部统一教学规范《高等职业学校数字出版专业教学标准》,专家组于2019年对北京、上海、广州、深圳、南京、无锡、镇江等地区的80家数字出版企业的相关负责人进行了访谈调研,经整理统计,当时企业反映数字出版专业毕业生存在如下主要问题(表1):

表1 数字出版企业调研结果

序号	数字出版专业毕业生存在的问题	数量(家)	比例(%)
1	岗位适应能力不足	73	91.3
2	行业、岗位熟悉程度不足	70	87.5
3	专业技术能力不足	69	86.3
4	敬业及努力程度不足	67	83.8
5	互联网思维与用户思维不足	66	82.5
6	知识结构不合理	64	80.0
7	动手实战能力不足	63	78.8
8	创新意识不足	63	78.8
9	视野不够开阔	62	77.5
10	语言文字处理能力不足	58	72.5

近两年,关于数字出版人才培养研究主要集中于媒体融合发展环境下的"三教"(教师、教材、教法)改革探索与实践。刘玲武、唐哲瑶(2019)提出,产教融合培养中需要将各类创新活动以"工作场景式"的方式融入日常教学,创新活动既可以是学生的各类创新创业项目,也可以是与行业企业的合作项目,从而为学生增加实际工作经验,在实践中发现不足之处。沈秀等(2019)提出,数字出版人才需要文理兼修实现融合性,因此高校应当精心挑选课程内容,

可以适当舍弃课程中的部分理论，进一步强化技术性、实践性强的内容，包括可以直接将数字出版行业的专业软件操作、行业法律规范等作为教学内容。王菊荣（2019）经调研发现，由于数字出版软件特别是音视频类软件更新速度快，导致许多高校教师难以胜任最新技术的教学工作，因此需要加强对师资的行业企业培训实训，同时需要以制度保障外聘教师的合法权益，从而实现师资配备调整，使教师知识结构与时俱进。刘金荣（2018）认为，即便当前已有的部分专业课程难以适应数字出版行业的发展变化，也不能盲目跟风和频繁更改课程设置，专业人才培养体系建设的当务之急还是需要在课外寻求新的培养平台，通过与数字出版企业共投、共建实训基地，加大数字出版人才培养的实训力度才是解决之道。

综合以上这些代表性的研究成果，对目前我国数字出版人才培养中存在的知识结构、师资力量、教学方法等具体问题给出了一些针对性的对策建议，然而在数字出版企业调研中所反映的问题焦点与实质，实际是数字出版专业人才具备能力与工作岗位需求能力间的矛盾。面对日新月异的信息技术与层出不穷的出版形态造成的学习、应用、创新等应接不暇的挑战，目前各类碎片化和局部化的改进方法都还停留于在原有知识与能力的基础上进行补缺补漏的表向层面，"头痛医头脚痛医脚"的策略难以收到彻底和长久的效果。

不谋万世者，不足谋一时；不谋全局者，不足谋一域。习近平总书记指出，必须从纷繁复杂的事物表象中把准改革脉搏，把握全面深化改革的内在规律。因此，数字出版人才培养的教育改革需要从更深层次的人才胜任力角度认识及解决问题，对现有的人才培养工作进行优化。

三、模型引入与基本内涵

在人才胜任力的研究方面,被广泛应用的权威理论是美国心理学家斯宾塞(Spencer A. Rathus)等提出的胜任力模型(competence model)。斯宾塞认为胜任力不仅表现于外显的知识与技能,还包括了内在的社会角色、自我概念、特质、动机等个人的认知态度或价值观,并且这些深层次特征能够明确区分绩效优秀者和绩效一般者,导致个体在某个或某些岗位上取得优秀绩效的内在品质或内在特征。胜任力模型是当前人力资源管理的重要基础理论,在工作分析与设计、员工招聘与培训、职业生涯规划、绩效管理等方面起到了重要的指导作用。通过胜任力冰山模型(图1),可以清晰地将胜任力以表面胜任力与潜在胜任力所包含的特征区分出来。

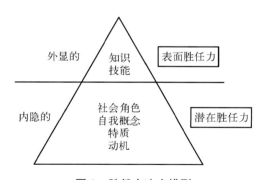

图 1　胜任力冰山模型

胜任力模型将内隐的潜在胜任力划分为以下四种特征:第一,社会角色。社会学认为伴随着社会位置及身份角色的变化,人的思想观念与行为模式会发生相应的转变。对于大学生而言,其社会角色将面临从学生身份向转为职业人的彻底转变,随之而来的就是思想观念和行为模式也将发生巨大的变化。第二，自我概念。自我概念是人对自我属性的认知，由个体通过直观感受、经验总结、自我反省及他人反馈等方式逐步形成并随着个体认知的更新而不断变化。自我概念引导着个体行为，研究表明，自我概念引发与其性质相一致或自我支持性的期望，并使人们倾向于运用可以导致这种期望得以实现的方式行为，因而自我概念具有预言自我实现的作用。第三，特质。心理学指出特质是个人在认识、情感、意志等心理活动过程中表现出来的相对稳定而又不同于他人的心理、生理特点，是个体众多行为中最稳定的部分，是个人人格特点的行为倾向表现，对特质的准确认识有助于精准地预测行为。第四，动机。动机是指引发并维持活动的倾向或主观愿望，产生并保持强烈的学习动机，对大学生学习行为起着重要作用。当前，部分大学生对学校人才培养模式、课程设置、师资水平、教学方法，以及就业环境、职业发展等方面满意度不高，导致学习动机不足，学习效果较差。

上述四种特征中，社会角色、自我概念、动机是个人知识与技能学习的内驱力。内驱力是个体在环境和自我交流的过程中因需要而产生的一种内部动力，具有驱动效应，给个体以积极暗示的生物信号。内驱力的实质是一种无意识力量，源于最原始的心理体验在人脑中的反映，驱使有机体产生一定行为的内部力量。内驱力不仅是生理需要产生的紧张状态，也是心理上的，并对行动的方向和效果起到直接影响作用。在不明朗的就业形势、宽松的学习环境、频繁的知识更新背景下，大学生很容易因为内驱力不强而在学习兴趣、态度、心理等方面产生种种问题，并导致其毕业后的工作胜任度不足。此外，个人特质作为客观存在的事实，正确认识大学生的个体特质将有助于在人才培养过程中尊重个体差异，并开展针对性的知识与技能的教育与培训,进而为大学生适应合适的工作岗位需求服务。

在数字出版人才培养中,外显的表面胜任力即知识和技能容易被发现与观测,相对而言也比较容易通过培训来改变和发展;而潜在胜任力是内在的、难以测量的部分,它们不太直接展现于外界,但却对外在的行为与表现起着长久性的、关键性的作用。因此,对于数字出版人才培养来说,在注重提升知识与技能两个表面胜任力的同时,关键还需要对内隐的潜在胜任力进行相应优化。

四、数字出版人才培养优化建议

(一)社会角色——适应从"大学生"到"职业人"的转变

大学生走向工作岗位,面临着从"大学生"向"职业人"的社会角色转变。前者是接受家庭经济供给和资助,在象牙塔里成长并接受教育;而后者需要自己面对社会压力,按照社会角色的需要担当不可推卸的社会责任。当下部分大学毕业生习惯于无忧无虑和自由散漫的学生角色,步入社会后不能迅速适应新的社会角色,甚至是一些学习比较出色的学生也会在这样的变化中感到难以适应。就数字出版人才培养工作而言,关于社会角色转变可在以下几方面注意加强:

首先,加强思政教育,牢固树立学生政治意识和正确价值观。出版工作的特性决定了要把握正确舆论导向,提高政治站位,强化"四个意识",强化政治能力,切实履行新使命、实现新作为。因此,在人才培养过程中必须加强思政教育,使学生坚持党性原则,在政治上与党中央保持高度一致,牢固树立政治意识和正确的思想价值观,在保证社会效益的前提下实现经济效益。

其次,引入真实项目实习实践,培养学生的市场意识。经过近

10年的高速发展,数字出版不仅已对传统出版行业形成了巨大的冲击,并且市场竞争的激烈程度也远超传统出版业。因此,在数字出版人才培养中,需要打破传统教学模式,运用真实的企业项目进行实践教学。尤其在校企合作培养中,可让学生参与数字出版开发企划作为学习项目,通过市场调研实践分析出版主题,收集与拟开发主题相关的内容,并学习运用视频技术进行项目在线路演推广。通过这样完整的学习情境,学生能够完成数字出版教学内容的学习,在不断实践的项目中完善自身专业能力,提高对市场的把控能力。

第三,指导学生的职业生涯规划,提升职业认知能力。数字出版涉及的行业广,数字技术高速发展,产品形态日新月异,对人才的需求也在不断变化,面对的机遇与挑战并存。因此,学生对自己的职业生涯必须要有严谨而认真的规划。学校在开设职业生涯和就业指导课程的基础上,可以通过持续邀请企业精英、杰出校友等优秀代表向学生介绍奋斗经历、市场形势等,加深学生对数字出版专业的就业前景和成长目标的认识,促使学生从大一开始就了解并时刻关注数字出版行业的发展与变化,从而尽早确定职业方向与目标并为之努力。

(二)自我概念——培养健全完善的人格素质

自我概念发展有阶段性,在各阶段性中,学生的自我意识、自身愿望及自我评价会有所不同。数字出版人才培养工作需要帮助学生及时认识自我,进而转化为自我要求,对感兴趣的知识及技能进行主动学习。比如有的学生通过在线游戏类项目,意识到3D建模技术并产生兴趣进而学习;有的学生通过电子图书项目的实训,意识到图片与音视频处理技术的重要性并产生兴趣,从而更有针对性地安排对应的实践锻炼。对于完善数字出版专业人才自我概念方面的工作建议包括：

首先，重视学生自主学习能力的培养。长期以来，我国实行的教育模式是以教师为主体、以灌输为主要方式的教育模式，造成部分学生必须在强制要求下才能学习。对于需要快速自主学习的数字出版工作来说，学生的学习必须从依赖性转向自主性与主动性，乐于主动学习、乐于接受新鲜事物，主动实现知识的不断更新。数字出版即将进入 5G 时代，面临全新的技术、全新的平台，如果不能主动学习，即使在校期间学习了一些当下的数字出版技术，也将很快无法胜任工作。

第二，重视学生创新精神的培养。数字出版工作对信息的运作能力和产品的运营能力提出了极高的要求，人才培养模式需要考虑激发学生敢于强调自我、乐于接受新鲜事物、思想活跃、具有批判精神的内在动力。并且在教学过程中，教师与学生之间体现平等交互的学习引导关系，有助于培养学生的自主性，鼓励学生以自己的智力与亲身的经历完成学习行为，培养成为有头脑、善思考、有主见、有追求、有创造精神的新一代数字出版人才。

第三，运用适当的策略帮助学生完善自我概念。数字出版没有统一标准的固定成功模式，需要随着各种情况不断进行更新与迭代，这种频繁调整的状态让许多学生无法适应而备感挫折，所以数字出版人才培养过程中要注意提高学生的耐挫力。挫折无可避免，但对挫折的反应因人而异，有人颓废沮丧，有人百折不挠，必须根据教育对象的心理、生理特点进行引导，帮助学生确定适当的抱负水平，体验成功的愉快和满足感。同时，学校应为学生创造多样化的表现展示机会，如可以把学生优秀的短视频作品通过特定的资源进行推广，引导学生肯定与欣赏自我价值，这也是完善学生自我概念、培养健全人格所必须的，对后进生和自卑感较重的学生来说尤为重要。

（三）特质——尊重个体差异的教学调整

美国哈佛大学心理学家霍华德·加德纳（Howard Gardner）的"多元智能理论"研究提出，每个人生来即具有多种智能，包括语言智能、数理逻辑智能、视觉空间智能、身体运动智能、音乐智能、人际关系智能、内省智能和自然观察智能，并且人的各种智能也不是均匀分布、均衡发展的，绝大多数人只是拥有其中的一种或者几种智能。在数字出版人才培养过程中，认识并尊重个体差异从而因材施教，将实现更显著的培养效果。

经查询公开资料得知，目前我国大多数高校数字出版专业的班级规模都保持在40人以上，有的学校甚至达到70到80人，如此庞大的班级人数使得教师无法深入了解每个学生的特点，并根据学生特点因材施教。而数字出版强调多样化、个性化、创意性的特点决定了以流水线的方式大批量生产规格统一的人才培养模式无法适应实际需求；相反，在通识课程外以兴趣小组授课的方式可以使得教师有条件去了解学生并根据学生自身特点与兴趣爱好进行教学，将极大地提升学生的学习兴致与学习效率。在兴趣小组的组成上，可以在综合考虑学生各方面条件的相似性，如相似的学生个性、相似的知识背景等基础上，结合学生相似的兴趣爱好从而让有最大相似性的学生组成同一个学习团体。同时，兴趣小组的组成可以使得有共同爱好和兴趣的学生互帮互学，并在相互的影响中进一步提高兴趣。

同时，通过对学生的个性化培养目标设定，有助于帮助每个学生尽早完成职业适应。如对爱好做文字创作有志于做内容编辑的学生与爱好做短视频创作而有志于做自媒体运营的学生，学校应当安排不同的教学场景与对应的指导老师，否则，两个学生虽然从事的都是数字出版工作,实际工作内容却千差万别,统一化的教学内容与教学方法无法针对每个学生的兴趣提供更深入的学习机会。因此,针对学生的个性化特点与兴趣爱好,将"职业元素"与"因材施教"相对应,有利于实现人才社会化、职业化顺利转变。

(四)动机——树立积极的奋斗目标与自我认同感

当代大学生个性鲜明而张扬,他们格外重视他人对自己的评价,希望能得到他人的认同,实现自我价值。在学校中,学习动机的增强,有助于学生维护自我价值。在社会生活中,在与他人的角逐与竞争中,如果表现优异突出,就会产生成就感,个体的价值也会得以体现。

针对大学生的这种心理特征,学校应该为他们安排具有一定挑战性的任务,比如让学生加入部分真实数字出版的项目中,结合他们的能力为他们安排相应的任务,如搜集资料、处理数据信息、拍摄宣传视频、制作动画等;或是让学生从自己的兴趣点出发做创新项目尝试。虽然这些任务对大学生来说具有一定的难度,但只要能产生积极的态度、奋斗的意识,也并非不可以完成。如果能顺利完成任务,学生就会产生超越其他同学的骄傲感,找到自我价值所在,学习动力得以增强,就会从容迎接学习中的各种挑战,学习也将成为主动行为,进而保证学习的效率。

此外,为解决当前大学生普遍具有的就业焦虑感问题,学校可通过校企合作、订单培养等方式,与数字出版企业建立起合作关系,安排学生到具体的工作岗位上接受锻炼,使他们知道自己所掌握的知识还有哪些欠缺,理论与实践有哪些差距,如何把理论知识运用到实践当中,实现真正的"学以致用"。可通过聘请经验丰富的行业专家做好指导老师,发挥引领示范作用,从而更好地激发学生的求知欲望和实践创新意识,创建良好学习氛围,既能使学生对数字出版专业更加深入地了解,对所学数字出版专业更加自信,从而产生努力学习的意愿;有了学习的原动力,才能保证学习的效果。

五、结论

《2018—2019中国数字出版产业年度报告》显示,我国数字出版产业保持着持续高速增长势头,2018年整体收入规模达8 330.78亿元,比上年增长17.8%。随着产业的不断扩大,数字出版人才需求也不断提升。数字出版专业发展至今将近10年,与其他专业相比仍较为年轻,其教学设计、培养体系中仍有许多尚待完善之处。应对日新月异的行业发展,数字出版人才培养工作如果盲目跟风、生搬硬套,表面上看是积极应对、主动作为,实际上没有认真分析、准确把握,只会顾此失彼、左支右绌。本研究基于胜任力模型,从深层次认识当下人才问题从而优化培养策略,为我国数字出版人才培养提供了有价值的参考依据及新的研究思路。

(原载《新闻知识》2020年第4期)

高职院校数字出版专业人才培养模式探究

一、引言

根据《教育部办公厅关于做好〈高等职业学校专业教学标准〉修(制)订工作的通知》(教职成厅函〔2016〕46号)的要求和安排,新闻出版行业职业教育教学指导委员会(以下简称行指委)于2018年10月正式启动《高等职业学校数字出版专业教学标准》(以下简称《标准》)制订工作,专家组根据工作方案和调研要求,经过近一年时间组织开展相关调研、修订、起草和内部审定工作,形成了调研报告、《标准》草稿及《标准》制订说明。2019年9月,专家组向行指委申请《标准》审定验收,《标准》将成为我国数字出版专业教育正式开设以来首次制定的统一规范。

二、高职院校数字出版专业开设与人才培养模式研究现状

为适应新技术环境下出版产业数字化、信息化、网络化等发展的新要求,2008年北京印刷学院开设了传播学数字出版方向专业,可看作国内高校数字出版专业的先导。2011年起,其他高校逐步开始尝试设立数字出版专业,目前我国已有近30所本、专科

院校开设了数字出版专业,为我国数字出版产业输送了一批专业人才。其中,开设数字出版专业的高职院校主要包括上海出版印刷高等专科学校、安徽新闻出版职业技术学院、广东轻工职业技术学院、湖南大众传媒职业技术学院、江西传媒职业学院等近 10 所院校,2018 年度招生总人数近 500 人。

在专业人才的培养方向上,虽然各学校在培养德智体美全面发展,具有科学素养、人文素养和艺术素养等个人综合素养方面比较一致,但在知识和技能的培养上具有一定的差异。本科院校强调培养具有数字编辑出版、文化产业经营管理和创意策划类的复合型人才,而高职院校强调培养具有网页设计制作、数字内容策划制作和数字拍摄与多媒体制作的技术应用型人才。此外,各高职院校在教学培养内容上也会略有差异,一些学校偏向于数字出版物内容的编辑制作,另一些学校偏向于互联网技术、多媒体技术实务。

目前对于高职院校教育人才培养模式问题的研究主要聚焦于以下三个方面:

第一是"校企合作,联合培养"模式。徐丹(2018)认为校企合作模式是一种目标导向型的人才培养模式,近年来高职院校不断探索校企合作新的出路与模式,但大部分高职院校仍然停留在以院校主导的企业被动的合作模式,在这种合作模式下,人才培养的质量不高,企业难以真正表达其利益诉求,因此这种合作模式是一种片面的、浅层的合作形式。黄东璋等(2017)指出只有在企业得到有利于其发展的合理愿望和利益,高职院校也认识到校企合作有利于人才培养目标的实现,学生充分感受到参与校企合作能够理论联系实际提高自己的知识和技能,校企合作才能真正获得有效保障。因此必须做好全方位对接,如理论与实践对接、教室与车间对接、教师与企业技师的对接、学生与员工对接、培养标准与企业用人标准对接等。

第二是"按需培养,订单式培养"人才培养模式。李昕(2017)经调研发现校企合作采用订单式人才管理与培养模式较为单一,在正常的校内学习基础上,顶岗实习为订单式培养的主要环节,而在该环节之中,一些企业单位单一地关注学生如何增强操作技能,对学生综合、全面素质的锻炼却没有充分重视,甚至一些企业将在校生作为廉价或无偿的劳动力,导致他们在企业之中无法获取良好的提升。王华(2013)提出目前能够成功推行订单式培养的高职院校或是基于很强行业背景的长期专业办学积淀,或是基于体制下向国有垄断企业输送专业人才的垄断途径,或是基于地处发达地区的区位优势,其他高职院校目前想推进订单式培养还是存在很大困难。

第三是"双师型"及"现代师徒制"模式。王雪岩(2018)指出企业和企业的师傅本身并不愿意倾囊教授徒弟,即使是接受了顶岗实习的学生,由于学生实习时间较短、企业核心业务不便泄露等原因,为学生所提供的岗位大多是简单的没有技术含量、甚至专业不对口的跑腿等零散工作,学生能接触到企业完整工作的寥寥无几。学生并非企业正式员工,因此企业师傅也无法对徒弟进行有效束缚和管理。张昕(2019)指出由于高职院校的学制一般为三年,许多技艺传承需要日积月累,短时间很难奏效,在有限的学习时间内又开设众多必修课程,庞大繁杂的课程设置必然导致在有限的时间内教师授课一带而过,学生学习浅尝辄止,无法深入研究学习。

数字出版是一门近10年才发展起来的新兴专业学科,不仅在上述高职院校普遍存在的人才培养模式上尚未形成适应当前和未来专业发展的成熟学科理论体系框架,而且由于专业具有多学科交叉特性专业,在课程体系建设、教学内容和实践创新教育等具体细节上更是缺乏统一标准,不断显现的各种问题显得零散而杂乱。

作为专家组主要成员,笔者基于本次调研情况,结合数字出版专业相关的企业需求与高职院校教学现状,以综合的视角,对当下高职院校数字出版专业人才培养存在的重点与难点进行归纳与分析。

三、高职院校数字出版专业人才培养亟须解决的重点问题

(一)体现人人成才的正确人才观,明确能力与素质并重的数字出版人才培养目标

习近平总书记就加快职业教育发展作出"树立正确人才观,培育和践行社会主义核心价值观,着力提高人才培养质量,弘扬劳动光荣、技能宝贵、创造伟大的时代风尚,营造人人皆可成才、人人尽展其才的良好环境,努力培养数以亿计的高素质劳动者和技术技能人才"的重要指示。为此,高职院校必须明确以培养高素质技术技能型数字出版人才为根本任务,将职业技能和职业精神高度融合,不仅围绕数字出版技术进步、生产方式变革、岗位工作要求培养怀有技术技能专长的劳动者,而且要让学生坚定拥护中国共产党领导,在习近平新时代中国特色社会主义思想指引下,培养树立社会责任感、工匠精神、创新思维、团队合作、终身学习等职业精神。

同时,对新时期毕业生的素质、知识、能力方面需要细化要求,在课程设置、教学方法与培养形式上遵循职业教育和人才成长规律,引导学生积极参与数字出版业务相关实践实训,不断提高业务

技能和岗位技能,以适应新时代数字出版要求的创新及专业素质要求,强调职业技能与职业素养并重,促进学生全面发展。

(二)树立"四维度检验"评价为主要标志的教育质量观,突出高职院校专业教学特点

目前高职教育评估的一级指标包括领导作用、师资队伍、课程建设、实践教学、特色专业建设、教学管理、社会评价等7项内容,然而其中前6项评估内容是高职院校完成人才培养的基本条件和保障,并非教育质量本体,因而在教育质量评估时往往会发生偏颇,有失公允。因此,近年来高职教育质量评估一直被呼吁需要按照所涉及主体如院校、学生、家长、用人单位、政府教育管理部门、政府人力资源管理部门等,从不同视角对高职教育质量建立评价体系与指标,才能更客观、全面地反映高职院校的综合教育质量。

对高等职业学校数字出版专业而言,以多元主体在"对经济社会发展的适应度""对出版行业企业发展的贡献度""对学生专业化成长需求的满足度"以及"岗位要求的对应度"等4个维度上进行评价,检验教育质量,从而更好地调整教学规划,突出高职教育针对性、灵活性、开放性、多样性的特点。

(三)基于"五个对接"构建以职业能力培养为主线的课程体系,强化专业基础课程的有效设置和技术课程的及时更新

国务院在《关于加快发展现代职业教育的决定》中要求推动"专业设置与产业需求对接,课程内容与职业标准对接,教学过程与生产过程对接,毕业证书与职业资格证书对接,职业教育与终身学习对接"。综合对企业和高校的调研情况可知,高职院校数字出版教学在基于"五个对接"构建课程体系时,需要注意加强以语言文字规范、编辑实务等出版基础学科结合信息处理、多媒体制作等

技术基础学科的"知识"为根本,以信息采集、数字加工、出版发布、策划推广等应用"能力"为核心,加入融媒体出版、移动应用设计、大数据分析、虚拟展示仿真等行业最新发展需求的相关技术课程,并及时更新数字摄影与图片处理、音视频编辑制作、网页制作等专业技术课程。

此外,高职院校数字出版专业倡议学生取得网页设计制作员、网络编辑员、出版专业技术人员等职业资格证书,并安排对应课程。同时,在教学培养的目标与策略上,要为实现学生具备较强的就业能力、一定的创业能力和终身学习的能力而进行设定。

(四)完善"三位一体"教学模式,提升产教融合深度,注重培养学生在职场环境下运用知识分析问题和解决问题的能力

高职院校教育强调实践性教学环节,且定位于培养技术技能型人才,因此数字出版专业的"教、学、做"的"三位一体"式教学强调教与学的活动在真实的工作情境中开展,促进知识与技能相结合、理论与实践相统一。当下高职院校教学统一规定要求实践教学时数不少于总学时的50%,然而调研发现,企业对我国高职院校数字出版人才培养尚存在诸多质疑,其中以"数字出版专业实践类课程不足"问题最为严重,占92.3%;其次是"数字出版专业知识结构不合理"的问题,占76.9%;第三是"数字出版专业技术类课程不足"的问题,占69.2%;"数字出版人才培养模式开放性不够,与企业、行业联系不紧密"居第四,占61.5%。

调研数据反映了当前由于产教融合度不够,导致学生的实践实训往往流于形式,常态化校企合作、协同育人工作开展尚未到位。因此,确保教学内容与岗位工作任务一致,避免教学内容和课时设置的随意性,才能实行产教联动、实现"学校理论教学+企业

实践教学"双主体教学模式,从而促进数字出版相关的高职院校和产业界形成人才培养计划上的共识、组织上的协同,构建教育与产业、学校与企业、专业与职业、教学过程与生产过程的有机对接机制,注重培养学生在职场环境下运用相关知识分析问题和解决问题的能力。

(五)增强师资队伍,完善教学设施、教学资源等教学基本条件,落实教育质量保障

高职院校的师资力量向来不乐观,截至2018年,我国高职院校专任教师仅有不到50万人,而在校学生已经超过1 000万人,从数量上和结构配比上都是不合理的。值得一提的是,高职院校教师来源相对复杂,将近一半的教师没有经过培训直接上岗,且学历偏低。通过调查得知,目前不到20%的高职院校具有硕士以上学历,这与国家规定的30%和还相差甚远,"双师型"的教师更是屈指可数。对于新兴的数字出版专业而言,师资力量更是还远远不够,对专业人才培养形成了阻力。

根据教育部对高等职业学校教学标准统一要求,规定学生数与本专业专任教师数比例不高于25∶1,双师素质教师占专业教师比一般不低于60%的师资队伍结构,并对专任教师、专业带头人、兼职教师的资历与能力做了明确的规定和表述,因此,加强高职院校数字出版专业师资队伍建设成为当前提升人才培养质量亟待解决的问题。

同时,当下各高职院校数字出版专业基本都建设了2—3个专业实训室,如在线出版实验室、数字出版物制作实验室、全媒体编辑实验室等,也与校外企业联合建设了专业相关实训基地,但不少学校的实训室、实训基地设施窘迫,实训条件还未能满足实训教学的需要,所能发挥的价值也是十分有限。

四、高职院校数字出版专业人才培养的难点

（一）在人才培养定位上，学生知识结构未及时跟上行业发展需求

随着互联网、云计算、大数据、多媒体等新兴技术的迅速发展，现代数字出版技术也同步发生着日新月异的变化，不仅使得传统出版行业的信息采编、排版、印刷、发行、营销等流程都发生了根本性的改变，并且产生了各类新的形态模式、传播方式与应用领域。学生的知识结构需要在数字排版、图片处理、音视频编辑等数字出版专业基础课程的学习基础上，即时更新相关新技术、新方法等专业知识与能力，以适应行业发展的需求。

（二）在人才培养模式上，产教融合深度不足

首先，当下高等职业学校在组织数字出版教学活动的过程中，依然沿用传统的学科专业课程的教学组织形式，教学内容的实践性不足；其次，人才培养模式单一化，以学业考试为主、实习实践为辅的学习总流程比较固定，无法满足学生全面获取职业化技能的需求；最后，高等职业专科学校实施产教融合的形式多限于与少数企业的基地共建、顶岗实习以及订单式培养等，整个产教融合机制缺乏长效学习规划。

（三）在人才培养质量标准上，受师资结构和教学技能两级化制约

高等职业学校的数字出版专业在师资结构和建设方面存在着不足，师资队伍两极化较严重。一方面资历较高的教师知识结构老化，对数字出版要求的现代化多媒体技术和互联网技术的运用、对最新技术动态和成果的掌握不全面；另一方面年轻教师虽然知识结构比较新颖，但实践经验不足，对行业实际需求理解不深。此

外,从企业外聘的专业型教师,实践教学经验丰富,但理论基础薄弱,因此,"双师双能型"师资人才严重匮乏。

(四)在人才培养的内容与方法上,专业课程设置结构不合理

数字出版专业具有多学科交叉的特点,包含了汉语言文学、传播学、出版学、计算机科学、管理学和艺术学等多学科知识。现阶段高等职业学校数字出版专业的课程设置普遍涉及学科面广,但未能以数字出版为中心进行有机融合,知识的整体性不足。数字出版不仅仅是对传统出版业务进行数字化处理,而是带来了出版传播的整体生态变革。调研发现,各院校基本教学体系大致类似,其中专业必修课是教学体系的重点,学科基础课比例最低,专业实践课对比理论课程则仅占20%左右,课程比例设置还需调整;具体到专业课程的设置,学校之间根据培养方向和目标要求的不同有较大差异。

五、结语

数字出版专业发展至今,相比其他学科仍是一个较为年轻的专业,其教学设计、培养体系中仍有许多尚待完善之处。同时,数字出版产业所依托的技术环境在不断变动,这也不断对数字出版专业人才培养提出新的要求。因此,有必要及时对数字出版现行培养体系做出审视和调整。相比其他成熟学科,高职院校数字出版专业开设时间短、开设学校数量不多,导致当前数字出版专业在人才培养方面还有极大的提升改善空间。

据《新闻出版广播影视"十三五"发展规划》显示,"十二五"期间,我国数字出版营业收入超过4 400亿元,较2010年增长318.7%。中国新闻出版研究院发布的《2018—2019中国数字出版产业年度报告》则指出,2018年国内数字出版产业整体收入规

模为 8 330.78 亿元,比上一年增长 17.8%。纵观近几年数字出版产业的发展趋势,无疑这一产业仍处于上升期,且远远没有达到其发展上限。随着 VR/AR、5G、人工智能、大数据等技术的普及应用,还将为数字出版产业注入新的活力,将促进产业结构进一步调整升级,并打破不同领域之间的融合壁垒,媒介融合、业态复合将成为必然趋势,新的媒介技术所带来的挑战与机遇要求高职院校数字出版专业对人才培养不断做出相应调整,使人才培养更加契合产业发展的需要。

(原载《编辑学刊》2020 年第 1 期)

基于业态变化的数字出版技术技能人才培养改革与实践

数字技术、互联网与出版的融合颠覆了出版的产品形态、生产流程与传播方式,推动了行业全面数字化转型升级。2010年,国家新闻出版总署向全国相关院校提出了加快数字出版人才培养的号召,我国数字出版专业由此正式开设。

2023年7月,2022年国家级教学成果奖正式公布,上海出版印刷高等专科学校的"基于业态变化的数字出版技术技能人才'三真'培养模式探索与实践"项目作为唯一的新闻出版类高职项目荣获二等奖,成为数字出版专业建设示范标杆。国家级教学成果奖每四年评审一次,分为基础教育、职业教育、高等教育三大类,是我国在教学研究和实践领域颁授的最高奖项,代表了当前教育教学工作的最高水平。

一、数字出版技术技能人才培养面临的主要教学问题

相对于日新月异的数字出版产业,源于传统出版学专业基础的数字出版专业教学标准与教学内容,与产业发展和岗位技能要求脱节,专业教学跟不上业态变化,技术技能人才培养面临的问题日益明显。

（一）专业知识体系滞后于行业发展，所学技术技能与岗位实际要求不一致

数字出版专业设立之初，采用的教学方案为出版基础课程叠加技能课程，教学遵循的是传统出版知识体系，大量沿用了培养传统出版"编、印、发"能力的编辑出版相关教材，没有跟上真实的行业发展现状与需求，行业资源转化为教学资源的能力不足。同时，一些院校在"本领恐慌"情绪下急于将各类技术课程加入专业教学计划中，课程设置存在随意性现象，也导致了学生所学专业理论与企业实习实训内容对应度不高，培养的部分技能并不符合数字出版工作岗位实际要求，且对于文科背景的学生来说学起来也具有较高的难度。

（二）学生专业技能综合运用能力有待提升，毕业生岗位适应力不强

数字出版体现了"大出版""大融合"的特征，产业涉及数字报纸、数字电视、在线影视、电子期刊、电子图书、在线音乐、移动出版、网络游戏、博客类应用、网络动漫、在线教育、互联网广告等领域，对学生的多种技术融会贯通且综合运用能力提出了较高要求。然而在数字出版专业开设初期，课程教学仍套用以理论学习为主、实践应用为辅的形式，学生虽然掌握了动画制作、图像处理等单项技能，但在面对交互式出版项目时往往会出现界面风格不统一、切换卡顿等问题，不能满足使用要求。此外，在实习实训中，学生通常都是被安排做一些辅助事项，对项目生产理解不够，毕业进入企业后难以迅速上手开展工作。

（三）学校与企业对学生能力评价不一致，专业培养标准与行业标准脱节

学校以成绩考核为主进行考核，企业则通过工作绩效进行考核，学生在学校的表现无法等同于在工作岗位上的表现，学校教师

无法深入了解每一个学生,也无法全面掌握学生的能力状况,难以甄别学生真正的技能水平,并且一些学生在工作中还会出现不服从管理、团队合作意识差、工作效率不高的问题。这种人才供给侧与需求侧的评价不一致,反映了专业培养标准与企业标准之间存在脱节,学校教学中未能引入企业的操作流程与技术标准,两者间的差距日益明显。

二、数字出版技术技能人才"三真"培养模式改革

2014年,国家数字复合出版系统工程建设正式启动,上海出版印刷高等专科学校在国家新闻出版署指导下立项"基于业态变化的数字出版专业人才培养改革研究"重点课题,通过与行业头部企业深度合作,校企共同创建数字媒体产业学院,产教融合、协同创新,全面开展数字出版技术技能人才"三真"培养模式的理论探索与教学实践(图1)。

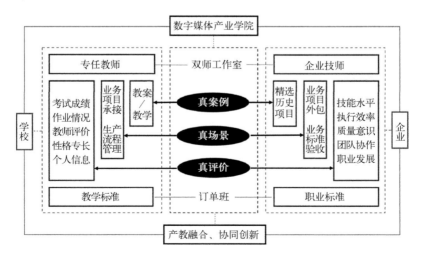

图1 数字出版技术技能人才"三真"培养模式

（一）引入"真"案例——开发教学资源，实施项目化教学

校企共同精选了上百个最新的代表性数字出版真实项目案例，涉及电子刊物、企业宣传、数字教育等业务领域，这些项目案例来自包括各大知名出版企业、互联网公司、汽车企业、金融企业、政府部门等真实业务，体现了数字出版工作岗位的实际要求。基于这些项目案例，学校和企业共同编写出版了新的数字出版专业系列课程教材与实训教材，打造了项目在线实训系统，建设了专业教学资源库，制定了专业课程思政教学大纲，开发了完整的理实一体化专业教学资源，弥补了我国数字出版专业教学资源的欠缺。

这些教学资源将理论教学内容与数字出版真实业务项目相对应，使学生在学习时能够清楚项目背景和客户需求，从而遵照行业技术规范完成项目作品，并对每个项目的实操过程都进行了详细描述，便于学生按实操步骤完成任务，最后对照原项目成品检验完成质量。项目化教学实施既能够帮助学生理解该课程的学习目标与内容，还促进学生将知识理论运用于真实工作，显著提升了学习积极性，优化了专业课程的学习效果。

（二）营造"真"场景——同步企业工作，开展现代学徒制培养

校企共同创建了拥有大型实训、生产基地的数字媒体产业学院。产业学院在配置先进的生产设备同时，还"复制"了合作企业的对口业务部门，将企业真实生产场景引入学校，不仅办公环境如出一辙，尤为重要的是还在组织文化、管理制度、生产流程、岗位设置、考核标准等方面完全与企业保持一致，使学生在产业学院不只学习软硬件操作技能，更以员工身份体验实际工作的要求与责任，提前适应工作中遇到的各种状况，实现"校企同频"式的顶岗实训。

自二年级起，学生根据自己的技术特长及兴趣爱好，经过专业技能测试后入职产业学院的预设工作岗位，如动画设计师、视频剪

辑师等，成为一名"见习"员工进入角色，在企业导师与学校教师的双导师管理下迅速熟悉业务内容、管理制度、岗位任务和团队协作，练习企业过往的真实生产项目案例。通过"见习期"考核后，学生在其工作岗位上开始由浅入深承接企业各类外包生产项目，从简单的 PPT 设计美化、网页设计制作，逐步过渡到覆盖各类数字媒介的融媒体策划、制作、发布与传播等领域，并按规定时间与生产要求完成项目交付，不断积累项目经验，实现从仿真实训到真实工作的场景转换。

（三）落实"真"评价——对接行业标准，强化互联网思维

校企共同打造了以"岗位胜任力"为主导的新考核体系，确定了以技能操作、业务执行力、项目绩效作为数字出版技术技能人才的核心评价要素，在考试成绩基础上扩充了技能水平、执行效率、质量意识、项目经验、团队协作、工作态度等行业评价指标，同步以产业学院教学和实训数据为依托，开发了专业能力测评系统，收集监测学生技能培养的各类过程数据，从而为每位学生建立一份专业能力数字档案，不仅能帮助教师迅速、直观地了解学生状态，为教学调整改进及个性化辅导提供数据支持，也让学生更清晰地知晓自身的优势与不足，有针对性地改进自己的学习。

相对于传统出版而言，数字出版以互联网和大数据技术连接用户，因此，从开学第一课就让学生明白数字出版需要以用户为中心，实现从"编辑主导"向"用户主导"的观念转变，强化互联网思维，鼓励学生不断创作、持续改进、敢于创新，在数字出版的创意策划、拍摄剪辑、内容采编、网络传播、直播推广等环节做了大量的尝试与实践，发布了一批具有高阅读量、高点赞量传播效果的优秀数字作品，形成了广泛的社会影响力，大大激发了学生的学习内生动力。

三、数字出版技术技能人才"三真"培养模式实施路径

数字出版是一门近10年才发展起来的新兴专业学科,专业建设与产业发展紧密关联,技术技能人才培养必须依靠产业、紧跟产业,着力推进校企合作、产教融合。

(一)面向产业,基于业态变化调整人才培养方案

近年来,我国数字出版产业进入蓬勃发展的阶段,新技术、新模式不断涌现,在推动传统出版业转型升级的同时带来了新的发展空间和机遇,并成为数字经济的重要组成部分,因此数字出版专业建设与人才培养必须要与产业趋势及区域规划紧密联动。

一是要跟上产业发展的新动向新趋势。在过去10年间,H5技术改变了手机阅读习惯,虚拟现实技术改变了数字内容形态,社交媒体与短视频改变了数字出版的思路与模式;而在未来,大数据、人工智能等技术必将继续推动数字出版产业发生巨大变革,因此开设数字出版专业建设需要跟上最新的产业发展及人才岗位需求。

二是要结合区域发展规划。2021年,我国已有16个省份数字经济规模突破万亿,而从这些省份最新的数字经济"十四五"发展规划来看,均将数字内容、数字出版相关产业作为重要支柱性产业进行了战略规划,这些发展规划对数字出版专业人才的培养提出了要求、指明了方向,相关院校需要针对性地调整专业人才培养方案,培养能熟练从事数字技术应用、数字内容开发、融媒体出版与传播方面工作的应用型技术技能人才,满足产业发展要求。

(二)产教融合,整合优势资源协同推进"三教"改革

产教融合、校企合作已成为当下我国技术技能人才培养的基本战略,但要在外聘企业师资和安排企业实训这两个常规校企合作方式基础之上取得更大的人才培养效益,则需要校企双方整合

优势资源,协同推进"三教"(教材、教师、教法)改革。首先,在教材上,要定期引入产业或企业最新的真实项目更新教学内容,尤其是当下热门的短视频拍摄制作、社交媒体运营、直播电商、AIGC,等等。第二,在教师与师资上,除了外聘企业技术专家教学和安排学校教师参加企业培训从而提升专业技能之外,通过项目化教学让学生理解项目的目标与要求,引导学生将所学知识应用于项目生产,同时以企业管理标准对学生的项目完成情况进行验收并提出改进意见。第三,在专业技能教法上,理论教学时结合真案例,项目教学时训练内容按实际生产标准还原,顶岗实训时承接企业外包生产项目,根据数字出版技能学习规律通过短周期教学达到对阶段性知识技能的快速掌握,进而通过实训及项目生产实现专业技能不断迭代提升,有效提升学生的专业技能水平。

(三)双元一体,推动校企双方从合作互补到"同向同行"

为进一步提升人才培养效能,校企之间不仅要互补合作,还需要实现同向同行,形成整体合力。第一,工作目标一体化。校企确定共同目标并共建产教融合共同体,通过完成共同目标实现各自收益。第二,教学主体一体化。从教学标准与人才培养方案制订、教学方法与教学场景设计,到技能实训与项目生产管理,全部由双方教师共同商议、决策和执行。第三,教学内容一体化。校企双方基于企业真实项目案例共同开发教学资源,达到行业要什么、企业做什么,学校就教什么的效果,并使学生在校时就能够清晰了解并展示自身真实特长、技能水平与职业素养,从而更好地确定未来发展方向,并帮助企业降低人才考察与使用的成本。

四、结语

数字化转型升级对出版人才的技术技能不断提出新的要求,

在习近平新时代中国特色社会主义思想指导下,相关专业院校必须深化产教融合,及时调整培养策略、方法和内容,让学生在实践中掌握最新的出版技术和工作方法,提升实践操作能力,成为适应行业需求的高素质专业人才,服务出版业的高质量发展。

(本文为2022年职业教育国家级教学成果二等奖项目,原载《传媒》2024年第2期)